KB133181

밀프렙
샐러드
for
간헐적 단식

밀프렙 샐러드 for 간헐적 단식

1판 2쇄 발행 2019년 4월 10일

지은이 이밥차 요리연구소
펴낸이 김선숙, 이돈희
펴낸곳 그리고책(주식회사 이밥차)

주소 서울시 서대문구 연희로 192 2층(연희동 76-22, 이밥차 빌딩)
대표전화 02-717-5486~7
팩스 02-717-5427
출판등록 2003.4.4 제 10-2621호

본부장 이정순
편집 책임 박은식
편집 진행 심형희, 홍상현, 양승은, 문희, 김예영
요리 진행 이밥차 요리연구소
영업 이교준
마케팅 남유진, 장지선
경영지원 문석현

포토디렉터 율스튜디오 박형주
푸드스타일링 김진영
교열 김혜정
표지 & 내지 디자인 넘버나인 임병천, 이동헌

ⓒ2019 이밥차 요리연구소
ISBN 979-11-964644-6-2 13590

MEAL PREP SALAD

일주일이
건강해지는
한 시간 투자!

밀프렙
샐러드

for 간헐적 단식

이밥차 요리연구소 지음

꼼꼼하게 연구하고 세심하게 검증했다! 5일을 보관해도 싱싱한 80여 가지 샐러드 레시피 수록!

그리고책
andbooks

Prologue

간헐적 단식이 다시 유행하고 있어요. 일정한 공복 시간을 지킨 후 마음껏 먹어도 살이 빠진다니 이 놀라운 다이어트 방법에 혹하지 않을 자 누가 있나요. 하지만 모든 결과에는 고통과 노력이 따르듯 간헐적 단식 역시 엄격한 식단 관리가 되어야 더욱 확실한 효과를 볼 수 있어요. 그렇다고 무조건 삶은 닭가슴살과 단백질 보충제에 의존하는 식생활은 생각만 해도 너무 힘들잖아요.

대한민국에서 요리 하면 빠질 수 없는 이밥차 요리연구소는 매달 다양한 요리를 개발하고 맛보는 게 일이에요. 이밥차의 요리연구원이 되면 +5kg은 기본이라는 농담이 있을 정도죠. 그러다 보니 자연스레 '맛있고 든든하지만 살은 안 찌는 요리는 없을까?'라는 고민을 하게 돼요.

〈밀프렙 샐러드 for 간헐적 단식〉은 이런 이밥차 요리연구원들의 생생한 고민과 실험에서 비롯됐어요. 다이어트 도시락이니 당연 주 메뉴는 샐러드! 그렇다고 매번 샐러드를 준비하는 건 좀 귀찮고, 한 번에 5일치를 준비할 수 있다면 정말 편하고 좋겠다는 생각으로 이 책을 기획했답니다.

처음엔 우리 연구원들도 신선함이 생명인 샐러드가 과연 밀프렙이 가능할까 하는 의심이 있었어요. 그래서 꽤 오랜 시간 연구하고 개발하며 밀프렙 샐러드에 대한 노하우를 차근차근 쌓아갔습니다. 그리고 그 결과! 여러분께 〈밀프렙 샐러드 for 간헐적 단식〉이라는 책을 선보이게 되었습니다.

황금 같은 공복 시간에, 혹은 삼시세끼 중 한 끼 정도는 〈밀프렙 샐러드 for 간헐적 단식〉과 함께 가볍게 즐겨주세요. 단기간 극적인 효과를 위한 다이어트보다는 평생 내 몸을 돌보고 아껴주는 마음을 담은 건강하고 맛있는 다이어트, 이밥차 요리연구소가 응원합니다.

이밥차 요리연구소

〈밀프렙 샐러드 for 간헐적 단식〉
사용설명서

추천 드레싱
해당 샐러드에 어울리는 추천 드레싱을 소개합니다.
1통, 5통 분량 드레싱 분량을 함께 기재했어요.

재료 준비
샐러드를 만들 때 꼭 필요한 재료입니다.
필수 재료는 요리에 필요한 핵심 재료예요. 빠짐없이 준비해주세요.
선택 재료는 비슷한 재료로 대체하거나 생략 가능해요. 입맛에 따라
준비해주세요.

또 어울리는 드레싱
추천 드레싱 외에 샐러드에 어울리는 추천 드레
싱을 소개합니다. 드레싱 만들기는 26~31쪽을
참고해주세요.

이렇게 보관하세요
'밀프렙 샐러드'를 최대한 신
선하게 보관하는 방법을 알려
드려요.

소요 시간 & 칼로리
한 번에 5통을 만들 때 재료 준비 시간을 제외
한 **평균 소요 시간**과 **대략적인 1통 분량 칼로리**
를 기재했습니다.

Contents

Part 1

밀프렙 샐러드를 위한
유용한 팁

Part 2

드레싱을 만드는
20가지 비법

입맛대로 골라 먹는 드레싱

Part 3

재료 준비+평균 시간 10분
기본 샐러드

Part 4

재료 준비+평균 시간 15분
초간단 샐러드

Part 6

재료 준비+평균 시간 25~30분

스페셜샐러드

Part 5

재료 준비+평균 시간 15분

초간단 샐러드

Part 7

바로 만들어 바로 먹는
즉석 샐러드

Part 8

남은 재료를 활용한
가벼운 디저트

part 1
밀프렙
샐러드를위한
유용한 팁

샐러드는 보관하기 어렵다?
샐러드는 쉽게 짓무른다?
모르는 소리!
샐러드를 손질하고 보관하는 방법,
통에 담는 순서만 바꿔도
신선함을 유지할 수 있어요.
샐러드를 만들며 누구나 고민했을 법한
어려움을 확 줄이는 팁, 알려드릴게요.

밀프렙 샐러드, 똑똑하게 담는 법

적당한 용기를 골랐다면 이젠 손질한 재료를 담을 차례!
손에 잡히는 대로 꾹꾹 눌러 담는 게 아니라
재료에 따라 담는 공식이 존재한다는 것, 아셨나요?
공식에 따라 차곡차곡 쌓아 층층이 담는 게 밀프렙 샐러드의 포인트!
이밥차 요리연구소의 노하우대로 띠리해보세요.

첫째, 물기는 꼭 제거한 뒤에 담기

→ 물기가 많은 재료는 물기를 충분히 제거한 뒤
  담아요.

Why? '밀프렙 샐러드'의 포인트는 바로 미리 만들었지만 방금 만든 것 같은 신선함을 유지하는 거예요. 이때 가장 중요한건 뭐니 뭐니 해도 샐러드 채소의 수분기를 잘 제거하기! 따라서 샐러드 채소를 가볍게 물에 헹군 뒤 체에 받쳐 두시거나 야채 탈수기를 사용해 물기를 제거해주세요. 완전히 물기를 뺀 뒤 칼로 썰거나 손으로 찢어 밀폐용기에 빈 공간 없이 눌러 담아 보관하면 최대 5일까지도 거뜬해요.

둘째, 젖은 재료는 가장 아래에 담기

→ 과일, 순두부, 토마토 등 수분이 많은 재료는
  바닥에!

Why? 수분이 많은 재료를 제일 위에 올리게 되면 시간이 지날수록 수분이 흘러 나오게 돼요. 때문에 아래에 깔린 재료가 금방 무르고 상해요. 예를 들어 양상추 위에 토마토를 올리면 토마토의 수분이 양상추에 배어 쉽게 상할 수 있어요.

셋째, 물기가 닿으면 쉽게 상하는 재료는 가장 위에 담기

→ 잎채소(양상추, 치커리 등), 달걀, 견과류 등은
  맨 마지막에!

Why? 잎채소는 물에 아주 취약하답니다. 세척 후에도 물기를 최대한 뺀 뒤 보관하시는 게 좋고, 밀폐용기에 담을 때에도 물기를 완벽히 제거한 뒤 제일 위에 담아주세요. 잎채소, 달걀, 견과류는 수분뿐만 아니라 공기와 접촉이 잦아도 변질되기 쉬워요. 수분 및 공기와의 접촉을 차단해 산패를 줄이는 것이 가장 좋아요. 잎채소 위주로 밀폐용기에 샐러드를 담을 땐 넉넉히 꽉 눌러 담아 공기의 차단을 최대한 막아주세요.

넷째, 드레싱은 위에 뿌리지 않기

→ 별도의 통에 따로 담아 챙겨요!

Why? 드레싱은 간을 위해 곁들여 먹기 때문에 나트륨을 함유하고 있어요. 샐러드 재료 위에 뿌려 두면 채소나 과일이 머금고 있던 수분이 밖으로 빠져나와 재료가 시들시들해진답니다. 당연히 맛도 모양도 처음만 못하고요. 드레싱 종류에 상관없이 무조건 별도의 밀폐용기에 따로 담은 뒤 먹기 직전에 뿌리는 걸 추천해요.

다섯째, 너무 무르지 않게 익히기

→ 고구마나 감자 등 익혀서 담아야 하는 재료는 무르지 않게 익혀요!

Why? 균형적인 영양과 포만감을 위해 샐러드에 감자나 고구마, 옥수수 등 구황 작물을 많이 곁들이죠? 이런 구황작물 종류를 곁들일 때는 완전히 익히기 보다는 무를 정도로 적당히 익히는 게 중요해요. 완전히 익혀 밀폐용기에 담을 경우 다른 재료와 부딪혀 으스러지기 쉽거든요. 또한 무르게 익힐수록 그만큼 수분을 머금고 있다는 뜻으로 단시간 내 상할 우려가 있어요. 따라서 구황작물은 최대한 무르지 않게 익혀 준비해주세요.

여섯째, 밀프렙 샐러드는 세척과 보관도 꼼꼼히

→ '밀프렙 샐러드'를 만들기 위해 필요한 채소 및 여러 재료의 세척&보관법은 조금씩 달라요.

Why? '밀프렙 샐러드'는 한 번에 여러 가지 재료를 며칠씩 보관하기 때문에 세척과 보관도 잘 신경 써야 해요. 예를 들어 향이 강하거나 색이 우러나는 재료는 물에 깨끗이 헹궈 사용하세요. 견과류는 다른 재료와 섞이지 않도록 종이 포일 위에 얹어서 보관하세요. 또한 기름기가 많고 향이 강한 베이컨은 뜨거운 물에 데쳐서 사용하는 게 좋아요.

Plus Tip 샐러드용 밀폐용기 고르기 전 참고하세요!

⇨ 재료의 신선도를 쉽게 확인할 수 있도록 **투명한 밀폐용기**를 사용해요.

⇨ 고무 소재 뚜껑은 NO! 뚜껑이 고무 소재로 되어 있을 경우 재료가 제대로 압축이 되지 않고, 사이사이에 공기가 들어가 샐러드 보관이 어려워요.

⇨ **압축이 가능한 밀폐용기**에 보관하면 재료의 신선도가 오래 유지돼요.

⇨ 플라스틱 소재보다는 **유리로 된 밀폐용기**에 담아요. 직접 실험해 본 결과, 플라스틱 밀폐용기에 보관했을 때 재료의 갈변 속도가 더 빨라졌어요. 대신 1~3일 내로 빨리 먹는 샐러드엔 사용해도 무방해요.

⇨ 따뜻하게 데워서 먹어야 더 맛있는 샐러드는 **전자레인지 사용이 가능한 내열용기**에 담아요.

⇨ 입구가 넓고 모양이 납작한 밀폐용기보다 **입구가 좁고 높이가 높은 밀폐용기**가 좋아요. 그래야 재료에 공기가 덜 닿아 금방 갈변되지 않아요.

⇨ 재료를 써는 방법에 따라 샐러드의 부피가 달라지므로 **다양한 크기의 밀폐용기**를 준비해두고 적절한 것을 골라 사용하세요.

신선한 재료 고르는 법

샐러드의 생명은 신선한 재료예요.
아무리 좋은 레시피를 따라 해도 재료가 시들시들하면 100% 맛을 낼 수 없죠.
무엇을 사야 할지 몰라 한참 동안 재료 앞에서 서성이던 분들의
고민을 한방에 해결하는 재료 고르는 법을 소개할게요.

양상추

밝은 연둣빛이 돌고, 들었을 때 묵직한 느낌이 나면 속이 꽉 찬 거예요. 겉잎이 붙어 있는 양상추를 구매하면 수분이 오래 유지돼 더욱 신선하게 보관할 수 있어요. 밑동이 진한 갈색이 되어 있다면 오래된 것이므로 피해주세요.

피망 · 파프리카

표면에 윤기가 돌고 꼭지 부분이 시들지 않아야 해요. 손으로 눌렀을 때 단단할수록 수분이 많고 신선합니다.

오이

굵기가 고르고, 쭉 뻗은 오이를 골라요. 꼭지가 마른 것은 피하세요. 백오이는 표면이 누렇거나 물러진 것은 피하고, 청오이는 색이 선명하고 광택이 나는 것으로 구입해요.

당근

세척한 당근은 금방 물러지기 때문에 흙이 묻어 있는 것으로 구입하세요. 마른 부분이 없고 딱딱한 것으로 골라요.

콜라비

콜라비는 연녹색과 보라색, 두 종류가 있어요. 잎이 붙어 있으며 마르지 않고 크기에 비해 무게가 가볍지 않아야 해요. 콜라비도 무처럼 속에 바람이 들면 구멍이 생길 수 있으니 꼭 무게를 확인하세요.

고구마

고구마는 세척된 것보다 흙이 묻은 것으로 고르세요. 표면에 흠집이 없고 매끈하며 단단한 게 좋아요.

감자

제철 감자는 겉이 마르지 않고 흙이 묻어 있어 손으로 문질렀을 때 껍질이 없어질 정도로 얇은 것이 좋아요. 모양이 울퉁불퉁하지 않고 윤기가 나며 단단해야 해요.

단호박

겉면의 색이 진하고 들었을 때 묵직한 느낌이 드는 것으로 골라요. 잘 익은 단호박은 썰었을 때 속살의 노란색이 선명하고 짙어요. 며칠간 서늘한 실온에서 숙성시키면 단맛이 더 높아지고 식감도 포슬포슬해져요.

셀러리

신선한 셀러리는 줄기에 연녹색이 돌고 윤기가 나며 구부러지는 곳 없이 일직선으로 뻗어있어요. 굴곡진 부분이 선명한게 더 좋고요.

우엉

바람이 들어 무게가 가볍지 않은지, 곧게 일자로 뻗었는지 확인하세요. 표면이 마르지 않고 흠집이 없는 것으로 골라요.

연근

두께가 일정하고 두꺼우며 단면이 흰색을 띠어야 해요. 표면에 검은 부분이 보이거나 손으로 눌렀을 때 단단하지 않으면 상하거나 언 것이에요.

아보카도

잘 익은 아보카도는 짙은 녹색이에요. 아보카도 색이 밝고 딱딱하다면 덜 익은 것으로, 떫은 맛이 나기 때문에 실온에서 숙성시킨 후 사용해요.

토마토

꼭지가 마르거나 오그라들지 않고 녹색을 띠어야 해요. 손으로 가볍게 눌렀을 때 탱글탱글한 게 과즙이 많아요. 부분적으로 연둣빛이 돌 경우 실온에서 숙성시킨 후 먹어요.

사과

껍질이 선명한 붉은색을 띠고, 흰색 반점이 많을수록 당도가 높아요. 손가락으로 튕겨 보았을 때 묵직한 소리가 아닌 맑은 소리가 나야 아삭한 맛이 있답니다. 꼭지가 붙어 있는 사과가 과즙이 풍부해요.

키위

껍질은 갈색을 띠며 솜털이 보송보송하고, 달걀처럼 매끈한 타원형 키위를 골라요. 잘 익은 키위는 손끝으로 누르면 살짝 눌려요. 딱딱한 것은 시큼하고 떫은 맛이 나는데 실온에 두어 숙성시켜요.

자몽

껍질이 물렁하게 눌리지 않고 무게가 묵직하면 수분이 가득 차 있는 거예요.

재료 깔끔하게
손질하는 법

요리를 시작하기 전, 빼 놓을 수 없는 밑손질 과정!
번거롭지만 제대로 손질해야 조리 과정도 한결 편하고
폼나고 맛있는 샐러드를 만들 수 있답니다.
깔끔한 밑손질을 위한 몇 가지 팁을 알려드릴게요.

셀러리

· 잎이 있는 부분과 지저분한 밑동을 잘라내요.
· 밑동을 잘라낸 부분부터 질긴 섬유질을 칼날로 잡고 당겨 벗겨요.
　···▸ 섬유질 부분은 소화를 방해하고 식감이 질겨 벗기는 게
　　　좋아요.

콜라비

· 잎이 있는 윗동을 자른 뒤 밑동을 평평하게 잘라요.
· 껍질이 질겨 칼로 도려내듯 위에서 아래로 껍질을 벗겨요.

우엉

· 껍질은 감자칼로 얇게 벗겨요.
· 원하는 크기로 썰어 식촛물(물 3컵+식초 2)에 담가둬요.
· 조리하기 직전 찬물에 헹궈요.
　···▸ 조리하기 전에 헹궈야 시큼한 맛이 빠져요.

연근

· 흐르는 물에 흙을 씻은 뒤 감자칼로 껍질을 얇게 벗겨요.
　···▸ 연근은 속에 구멍이 나 있어 껍질을 두껍게 벗기면
　　　구멍이 생기므로 주의하세요.
· 원하는 크기로 썰어 찬물 또는 식촛물(물 3컵+식초 1)에 담가요.
　···▸ 연근은 갈변 속도가 감자보다 빨라요.
　　　손질하기 전에 미리 식촛물을 준비해요.
· 냄비에 식촛물을 부은 뒤 끓어오르면 연근을 넣어 1~2분간 데쳐요.

아스파라거스

· 아스파라거스의 중간 지점부터 밑까지 감자칼로 얇게 벗겨요.

+ 대가 굵은 아스파라거스는 밑동 부분이 질기므로 껍질을 벗기고,
 굵기가 가는 것은 식감이 부드러우니 그대로 사용해도 좋아요.

아보카도

· 아보카도 중앙에 있는 씨가 닿을 때까지 세로로 칼집을 넣어 한 바퀴 돌려요.

· 과육을 양손으로 잡고 반대 반향으로 비틀면 반으로 갈라져요.

· 씨 부분을 칼날로 찍은 뒤 그 상태로 비틀어 씨를 빼요.

+ 덜 익은 아보카도는 씨가 잘 빠지지 않아요.

· 숟가락으로 과육 부분만 긁어 껍질과 분리하거나 손으로 껍질을 벗겨요.

자몽

· 자몽은 밑동과 윗동을 평평하게 잘라요.

· 껍질이 두꺼워 칼로 도려내듯 위에서 아래로 껍질을 벗겨요.

· 속껍질을 제거한 뒤 과육만 발라내요.

+ 속껍질이 남아 있으면 깔끔해 보이지 않고 맛도 씁쓸해요.

Plus Tip 깨끗하게 세척하기

과육이 단단한 과일 (ex. 사과, 토마토)
껍질에 베이킹소다를 뿌려 문지른 뒤 흐르는 물에 헹궈요. 사과처럼 움푹 들어간 꼭지 부분도 꼼꼼히 헹궈주세요.

과육이 무른 과일 (ex. 블루베리, 딸기)
찬물에 1분 정도 담근 뒤 흐르는 물에 빠르게 헹궈요. 물에 너무 오래 담가두면 수용성 성분인 비타민 C가 파괴돼요.

잎채소 (ex. 어린잎채소, 샐러드채소, 비타민, 청경채, 시금치)
흐르는 물에 씻은 뒤 찬물에 5분간 담갔다가 체에 밭쳐 물기를 충분히 빼주세요.

양상추 & 양배추
지저분한 겉잎을 떼어낸 뒤 밑동 부분을 손바닥으로 세게 치거나 바닥에 내리쳐요.

밑동 부분에 힘을 가하면 쉽게 떨어지는데 잘 떨어지지 않을 때는 칼집을 내 제거해요.

밑동을 제거한 아랫부분이 위로 오도록 잡고 흐르는 물에 한 잎씩 떼어내 헹궈 주세요.

남은 채소
보관하는 법

샐러드를 만들고 나면 재료가 조금씩 남게 되죠.
남은 재료를 잘 보관해야 나중에 필요한 곳에 쏠쏠하게 쓸 수 있어요.
신선함을 오래 유지하는 재료별 맞춤 보관법을 익혀두면
냉장고 재테크에도 제법 도움이 된답니다.

양상추

큰 덩어리째로 보관하는 게 갈변이 덜해요. 겉잎을 제거하지 않은 채로 신문지에 감싸 보관하세요. 나눠서 보관할 때는 넓은 용기에 키친타월을 깐 뒤 손질한 양상추를 담고 다시 키친타월로 덮어 보관하면 수분이 오래 유지되고 쉽게 무르지 않아요. 잎이 연해서 냉해를 입기 쉬우니 냉장고의 가장자리나 깊숙한 곳에는 보관하지 않도록 해요.

베이컨

베이컨은 기름이 많아 겉이 금방 끈적해지고 상하기 쉬워요. 남은 베이컨은 겹치지 않도록 펼친 뒤 랩으로 하나씩 감싸 냉동 보관해요.

수분이 많은 채소(ex. 파프리카, 오이)

무르기 쉽고 냉동했다 해동해도 쉽게 무르기 때문에 최대한 빨리 먹는 게 좋아요.

Plus Tip　　**싱싱하게 살아나라! 풀죽은 채소**

5분!

설탕+식초물

볼에 물(1.5ℓ), 설탕(0.5), 식초(0.2)를 넣은 뒤 채소를 5분간 담가 마무리.

5분!

얼음물

볼에 채소가 잠길 만큼 넉넉하게 물을 붓고 얼음(적당량)과 채소를 5분간 담가 마무리.

잎사귀에 힘이 생겼어요!

쭈글거렸던 잎이 살짝 펴졌죠?

단단한 과일(ex. 사과, 배)
갈변되지 않도록 흐르는 물에 헹군 뒤 물기를 닦고 랩으로 2번 정도 감싸 밀폐 용기에 담아 냉장실에 보관해요.

토마토
수분이 많아 물에 닿거나 칼로 썰어 놓으면 보관이 어려워요. 윗면에 칼집을 넣어 끓는 물에 살짝 데쳐서 껍질을 벗긴 뒤 냉동 보관했다가 주스나 소스를 만들 때 활용 해요.

아보카도
단면을 레몬으로 문지른 뒤 랩으로 2~3번 감싸 냉장실에 보관하면 갈변이 덜해요. 더 오래 보관할 경우 잘게 으깨 한 번 먹을 분량으로 나누어 냉장 보관해요.

단단한 채소
(ex. 셀러리, 콜라비, 당근, 우엉, 연근)
단단한 식감의 채소는 단면이 마르지 않도록 랩으로 잘 감싸 냉장 보관하세요.

고구마
고구마는 실온 보관이 가능한 채소예요. 냉장실에서 차게 보관하면 상하거나 단맛이 줄기 때문에 꼭 실온에서 보관해요. 익혔을 때는 비닐팩에 담아 냉동 보관하고 얼음결정이 생기기 전에 먹도록 해요. 전자레인지에 넣어 해동하면 식감과 모양이 냉동하기 전과 비슷해져요.

통조림 옥수수
개봉한 통조림은 반드시 밀폐용기에 옮겨 담아 냉장 보관하세요. 국물까지 함께 담아 옥수수가 잠겨 있어야 상하지 않고 오래 보관할 수 있어요. 색과 냄새가 멀쩡해도 국물이 걸쭉한 것은 상한 것이므로 바로 버려요. 더 오래 보관하고 싶을 때는 물기를 뺀 뒤 한 번에 먹을 만큼 아이스 큐브에 담아 냉동 보관해요. 해동하면 물기가 생기므로 바로 조리하는 게 좋아요.

궁금해요! 〈밀프렙 샐러드 for 간헐적 단식〉

밀프렙 샐러드? 간헐적 단식? 샐러드 좋다는 건 다 알지만 '밀프렙 샐러드'라니 이게 뭔가 싶으셨죠? '밀프렙'과 '간헐적 단식'에 대한 설명부터 '샐러드'에 대해 궁금했던 Q&A를 모아 이밥차 독자 여러분들의 눈높이에 맞춰 친절하게 알려드릴게요.

Q. 밀프렙이 뭐예요?

A. 밀프렙은 음식을 의미하는 '밀Meal'과 '준비Preparation'의 합성어예요. 말 그대로 미리 준비하는 음식을 의미합니다. 요즘 같이 바쁜 현대인들의 생활 습관에 맞춰 한 번에 3~5끼의 식사를 준비해 간편하게 즐기는 식사예요. 개인의 몸 상태에 따른 영양이나 열량을 고려해 식단을 구성할 수 있어 다이어터들에게 특히 인기예요. 부담스러운 외식비도 줄일 수 있어 식비 절감에 효과적이에요.

Q. 간헐적 단식 어떻게 하는 거죠?

A. 간헐적 단식은 하루 24시간 중 식사시간에 제한을 두는 단식법이에요. 이 간헐적 단식은 두 가지 방법이 있는데요.(7일 기준)

01. 2일은 24시간 단식, 5일은 일반식
02. 매일 8시간 일반식 (단, 16시간 공복 유지)

이렇게 일정하게 공복 시간을 유지하다보면 우리 몸은 탄수화물 즉 포도당이 아닌 지방을 태워 에너지원으로 사용하게 돼요. 이게 바로 간헐적 단식의 원리! 평소와 다름없는 메뉴와 적정 식사량을 유지하기 때문에 '먹어도 살이 빠지는 기적의 다이어트'라는 말까지 생겼죠. 하지만 간헐적 단식을 할 때 아래 3가지 주의점을 반드시 숙지해야 합니다.

첫 번째, 일어나서 1시간 뒤, 취침 3시간 동안에는 음식 섭취는 NO, 물은 OK!
두 번째, 과식은 NO! 하루 권장 식사량에 맞춰 식사를 하는 것이 좋아요.
세 번째, 극단적인 단식보단 점차 시간을 늘려가며 규칙적이고 충분한 영양섭취를 하는 것이 중요해요.

간헐적 단식이라고 모든 분들에게 100% 다 맞는 방법은 아니랍니다. 자신의 몸에 맞는 올바른 간헐적 단식 방법을 찾아 꾸준히 실천한다면 체중 감량 뿐 아니라 몸의 활력과 건강을 되찾을 수 있답니다.

Q. 간헐적 단식은 일반식을 먹을 수 있는 거 아닌가요?

A. 간헐적 단식은 적당한 스트레스나 독소에 노출되면 우리 몸에는 오히려 유익한 효과를 가져온다
는 호르메시스의 이론을 배경으로 만들어졌어요. 간헐적 단식방법도 1일 1식을 하거나 이틀에 한
번 24시간 단식하는 등 다양하죠. 이러한 단식이 끝나고 나면 그동안 먹지 못한 기름지거나 자극
적인 음식을 보상심리로 찾게 되는데요. 장시간 공복 상태였던 터라 우리 몸은 아직 음식을 받아
들일 충분한 준비가 되지 않았다고 볼 수 있어요. 또한 어느 다이어트나 그렇듯 마음껏 아무 음
식이나 먹는다면 간헐적 단식효과가 없어질 만큼 간헐적 폭식으로 변할 수도 있죠. 이럴 때는 샐
러드와 같이 적당한 포만감을 주면서도 영양분이 충분한 음식을 먹는 것이 좋다고 할 수 있어요.
〈밀프렙 샐러드 for 간헐적 단식〉은 이런 상황을 고려한 다양한 샐러드 레시피를 담았어요. 좀 더
간편하고 맛있는 다이어트를 하고 싶다면 반드시 필독해주세요.

Q. 샐러드, 꼭 밀프렙을 해야 할까요?

A. 꼭은 아니에요. 하지만 매번 손이 가는 요리는 밀프렙을 하는 게 좋아요. 특히 샐러드 재료의 경우
미리 손질이나 세척하지 않으면 시들거나 무르는 경우가 많아요. 또한 매번 재료를 사기에도 남
은 양을 고려하기 참 애매한데요. 때문에 한 번에 재료를 구매해 밀프렙을 하면 남는 양 없이 알뜰
하게 사용이 가능해 적극 추천해요.

Q. 다이어트용으로 닭가슴살을 잔뜩 사두었는데요.
닭가슴살과 잘 어울리는 샐러드 드레싱 추천해주세요.

A. 닭의 비릿한 냄새를 잡아줄 수 있는 발사믹식초가 가미된 드레싱이나 혹은 허니머스터드를 베이
스로 하는 드레싱을 곁들여 보세요. 새콤달콤한 맛이 군침을 돌게 해 퍽퍽한 닭가슴살도 수월하
게 넘길 수 있어요. 칼로리가 걱정이 되시면 플레인 요거트에 다진 양파, 레몬즙 혹은 레몬청을 넣
어 뿌려 드셔도 좋아요.

Q. 샐러드용으로 사용하기 좋은 오일을 소개해주세요.

A. 샐러드에 들어가는 오일로는 주로 올리브유를 많이 사용하지만 특유의 향과 쌉싸름한 맛 때문에
호불호가 강해요. 향이나 맛에 민감하신 분들이라면 포도씨유, 카놀라유, 해바라기씨유 등 향이
거의 없고 가벼운 텍스처를 지닌 오일을 사용하시면 무난해요.

〈밀프렙 샐러드 for 간헐적 단식〉
계량법

⏱ 가루 분량 재기

설탕(1)
숟가락으로 수북이 떠서 위로
볼록하게 올라오도록 담아요.

설탕(0.5)
숟가락의 절반 정도만
볼록하게 담아요.

설탕(0.3)
숟가락의 $\frac{1}{3}$ 정도만
볼록하게 담아요.

⏱ 액체 분량 재기

간장(1)
숟가락 한가득
찰랑거리게 담아요.

간장(0.5)
숟가락의 가장자리가 보이도록
절반 정도만 담아요.

간장(0.3)
숟가락의 $\frac{1}{3}$ 정도만
담아요.

⏱ 다진 재료 분량 재기

다진 마늘(1)
숟가락으로 수북이 떠서
꼭꼭 담아요.

다진 마늘(0.5)
숟가락의 절반 정도만
꼭꼭 담아요.

다진 마늘(0.3)
숟가락의 $\frac{1}{3}$ 정도만
꼭꼭 담아요.

🕐 장류 분량 재기

고추장(1)
숟가락으로 가득 떠서 위로
볼록하게 올라오도록 담아요.

고추장(0.5)
숟가락의 절반 정도만
볼록하게 담아요.

고추장(0.3)
숟가락의 ⅓ 정도만
볼록하게 담아요.

🕐 종이컵으로 분량 재기

육수(1컵=180㎖)
종이컵에 가득 담아요.

육수(½컵=90㎖)
종이컵의 절반만 담아요.

밀가루(1컵=100g)
종이컵에 가득 담아 윗면을 깎아요.

다진 양파(1컵=110g)
종이컵에 가득 담아 윗면을 깎아요.

아몬드(½컵)
종이컵의 절반만 담아요.

멸치(1컵)
종이컵에 가득 담아요.

🕐 손으로 분량 재기

콩나물(1줌)
손으로 자연스럽게 한가득 쥐어요.

시금치(1줌)
손으로 자연스럽게 한가득 쥐어요.

국수(1줌=1인분)
500원 동전 굵기로 가볍게 쥐어요.

part 2

드레싱을 만드는
20여 가지 비법

샐러드의 맛을 풍부하게 만들어주는
갖가지 드레싱 만들기를 소개할게요.
드레싱을 곁들이면 무조건 살이 찐다는 편견은 No!
소량의 드레싱은 재료의 감칠맛을 살려
질림 없이 더 맛있게 먹는 걸 도와줘요.
드레싱은 샐러드 위에 바로 뿌리지 말고,
꼭 따로 용기에 담아 먹기 직전 뿌리기 잊지마세요.

입맛대로 골라 먹는 드레싱

같은 샐러드라도 어떤 드레싱과 버무리느냐에 따라
전혀 다른 맛을 느낄 수 있어요.
다양한 드레싱을 취향대로 골라 샐러드를 보다 새롭게 즐겨보세요.
드레싱은 4~5회 분량씩 만들어두면 최소 5일 이상 보관이 가능하답니다.
각 샐러드에 추천하는 드레싱은 레시피에서 만나보세요.

상큼한 맛

자칫 느끼할 수 있는 드레싱의 맛을 보완해줄 새콤한 레몬즙과 식초, 그리고 향긋한 허브가루 등을 추가했어요.
먹는 내내 질리지 않고, 깔끔하게 입안을 마무리해줘요.

180㎖=
5회분

요거트드레싱

시판 플레인 요거트에
몇 가지 재료만 더해
업그레이드 해보세요.
딸기나 망고를 잘게 썰어 넣거나
허브가루를 넣으면
색다른 맛이 나요.

필수 재료
플레인 요거트(2팩=90g), 레몬즙(2), 마요네즈(3), 꿀(1)

만드는 방법
1. 볼에 모든 재료를 넣고 고루 섞어 마무리.

200㎖=
5~6회분

오리엔탈드레싱

우리 입맛에 딱 맞는
오리엔탈드레싱은 한식샐러드와
찰떡궁합이에요.
짭짤하면서도 깔끔한 맛으로
해산물이나 고기를 더한
샐러드에도 잘 어울려요.

필수 재료
설탕(1), 간장(¼컵), 레몬즙(2), 물(⅓컵), 올리브유(⅔컵),
후춧가루(약간), 참깨(0.2)

만드는 방법
1. 설탕(1)에 간장(¼컵), 레몬즙(2), 물(⅓컵)을 넣어
   설탕이 녹을 때까지 잘 저어주고,
2. 나머지 재료를 섞어 마무리.
　⋯▶ 실온 보관해도 상하지 않아요. 먹기 직전 흔들어 분리된
　　올리브유를 잘 섞어주세요.

180㎖=
5회분

프렌치드레싱

가장 기본이 되는 오일드레싱으로
어느 샐러드에나 두루두루 잘 어
울려요. 냉장 보관하면 올리브유
가 굳지만 먹기 전에 실온에 꺼내
두거나 렌지에 살짝 데우면
원래 상태로 돌아와요.

필수 재료
설탕(1.5), 소금(0.2), 허브가루(0.2), 레몬즙(⅓컵),
후춧가루(약간), 올리브유(⅔컵)

만드는 방법
1. 볼에 올리브유를 제외한 모든 재료를 넣어 섞고,
2. 올리브유(⅔컵)을 조금씩 나눠 넣으면서 고루 섞어 마무리.
　⋯▶ 올리브유는 마지막에 천천히 넣으면서 섞어야
　　분리되지 않아요.

머스터드드레싱

달콤하면서도 알싸한 시판 허니머스터드는 친근한 드레싱이에요. 여기에 고소한 마요네즈를 넣으면 근사한 딥소스가 돼요. 구운 고기나 소시지를 곁들인 샐러드와 아주 잘 어울린답니다.

200㎖=
5~6회분

필수 재료

머스터드($\frac{1}{2}$컵), 꿀($\frac{1}{3}$컵), 마요네즈($\frac{2}{3}$컵), 레몬즙(2), 소금(약간), 후춧가루(약간)

만드는 방법

1. 믹서에 모든 재료를 넣고 곱게 갈아 마무리.

발사믹드레싱

새콤한 맛과 향이 강한 발사믹식초에 달콤한 꿀을 넣어 자극적인 맛을 줄였어요. 발사믹드레싱은 농도가 묽어 호밀빵, 바게트와 같은 빵이나 치즈를 찍어 먹어도 맛있답니다.

200㎖=
5~6회분

필수 재료

발사믹식초($\frac{1}{3}$컵), 다진 양파(3), 꿀(2), 올리브유($\frac{2}{3}$컵)

만드는 방법

1. 볼에 모든 재료를 넣고 고루 섞어 마무리.

두부머스터드드레싱

보들보들한 식감이 매력적인 드레싱이에요. 머스터드드레싱이 지겨워질 때쯤 두부만 더해보세요. 믹서에 갈아도 되고, 생식 두부나 연두부 등 더 부드러운 식감의 두부를 사용해도 좋아요.

200㎖=
5~6회분

필수 재료

두부(40g), 머스터드드레싱(4)

만드는 방법

1. 두부는 칼을 비스듬히 눕혀 칼날의 옆면으로 으깬 뒤 면포에 싸서 물기를 짜고,
2. 머스터드드레싱(4)을 넣고 고루 섞어 마무리.

Plus Recipe

과일드레싱

과일 등 다양한 재료를 사용해 자연스러운 맛을 살린 드레싱이에요. 자투리 과일로 만들기 딱 좋고, 모든 요리와 다 잘 어울려요. 장시간 두면 물이 생기고 재료끼리 분리될 수 있으니 밀프렙 샐러드 보다는 즉석 샐러드에 활용하길 추천해요.

200㎖=
5~6회분

필수 재료

사과(1쪽), 통조림 파인애플(1쪽), 체리(2개) 레몬(1쪽), 마늘(1쪽), 설탕(1.5), 소금(약간), 식초(2), 올리브유(2), 양파($\frac{1}{3}$개), 후춧가루(약간)

만드는 방법

1. 블렌더에 재료, 물(2)를 넣고 곱게 갈아 마무리.

고소한 맛 ❦

생채소를 잘 못 먹는 분들을 위한 강력추천 드레싱이에요.
고소하고 담백한 두부, 견과류 등을 넣어 채소의 풀내를 확 잡아준답니다.

200mℓ=
5~6회분

두유참깨드레싱

두부와 참깨, 두유를 곱게 갈아
부드러운 두유참깨드레싱은
단백질이 풍부해 채소샐러드의
부족한 영양을 채워준답니다.
드레싱의 농도는 두부와 참깨로
조절할 수 있어요.

필수 재료

두부(½모=145g), 소금(0.2), 두유(½컵), 올리고당(3), 참깨(4)

⋯〉 두유의 당도에 따라 올리고당의 양을 조절해주세요.

만드는 방법

1. 믹서에 모든 재료를 넣고 곱게 갈아 마무리.

⋯〉 진한 두부의 향이 부담스럽다면 끓는 물에 데쳐서 넣어요.
⋯〉 반드시 냉장 보관하세요.

200mℓ=
5~6회분

땅콩버터드레싱

땅콩버터 특유의 진한 맛이
느껴지는 드레싱이에요.
굵게 다진 땅콩이 들어 있는
제품을 사용거나 볶은 땅콩을
직접 다져 넣어도 좋아요.

필수 재료

땅콩버터(⅔컵), 우유(½컵), 레몬즙(2), 꿀(1)

만드는 방법

1. 볼에 모든 재료를 넣고 고루 섞어 마무리.

⋯〉 땅콩버터와 우유를 내열용기에 담아 전자레인지에
　　 데우면 부드러워져 잘 섞여요.

180mℓ=
5회분

케이퍼타르타르드레싱

마요네즈 대신 플레인 요거트를
넣어 산뜻해진 타르타르드레싱이
에요. 다진 양파와 피클이 아삭아
삭하게 씹혀 더욱 맛있답니다. 샐
러드는 물론이고, 연어 요리나 고
기 요리에도 잘 어울려요.

필수 재료

플레인 요거트(⅔컵), 케이퍼(2), 다진 양파(4),
다진 피클(2), 꿀(2)

만드는 방법

1. 케이퍼는 흐르는 물에 헹궈 곱게 다진 뒤 물기를 꼭 짜고,
⋯〉 물기를 꼭 짜야 보관 중에 물이 생기지 않아요.
2. 나머지 재료와 고루 섞어 마무리.

200mℓ=
5~6회분

잣드레싱

영양만점 견과류인 잣과 호두를
갈아 만든 드레싱이에요.
견과류를 칼로 으깬 뒤
믹서에 갈면 더욱 부드러워요.
입안 가득 퍼지는 고소함이
일품이랍니다.

필수 재료

잣(3), 호두(½컵), 설탕(0.7), 간장(0.7), 허니머스터드(0.5),
포도씨유(⅔컵)

만드는 방법

1. 믹서에 모든 재료를 넣고 곱게 갈아 마무리.

새콤달콤한 맛 🌱

샐러드는 물론이고 샌드위치, 토스트와 곁들여도 잘 어울리는 새콤달콤한 드레싱이에요.
입맛 돋우는 데 아주 탁월한 능력이 있답니다.

200㎖=
5~6회분

키위드레싱

키위의 신선함이 살아 있는
드레싱이에요. 소금을 약간
넣으면 단맛뿐 아니라 감칠맛까지
더해진답니다. 키위는 씨가
으깨지면 쓴맛이 나므로 믹서
대신 강판에 갈아야 해요.

필수 재료

키위(3개), 설탕(0.5), 소금(약간), 레몬즙(1), 올리브유(5)

만드는 방법

1. 키위는 강판에 곱게 간 뒤 설탕(0.5), 소금(약간),
   레몬즙(1)을 넣어 섞고,
2. 올리브유(5)를 조금씩 넣으면서 거품기로 되직해질 때까지
   저어 마무리.

200㎖=
5~6회분

유자청드레싱

유자청은 향이 강하기 때문에
올리브유보다 향이 약한
포도씨유를 써요. 유자청
드레싱은 해산물샐러드와
곁들이면 해산물의 비릿함을
잡아주는 역할도 해요.

필수 재료

소금(0.2), 레몬즙(4), 유자청(4), 포도씨유(8)

만드는 방법

1. 볼에 포도씨유를 제외한 모든 재료를 넣어 섞고,
2. 포도씨유(8)를 조금씩 넣으면서 고루 섞어 마무리.

┈➤ 포도씨유는 마지막에 천천히 넣으면서 섞어야
   분리되지 않아요.

180㎖=
5회분

사우전드아일랜드드레싱

잘게 다진 재료가 천 개의 섬이
떠 있는 것처럼 보인다고 해서
사우전드아일랜드드레싱으로
불려요. 바로 먹을 때는 삶은 달걀
을 으깨 넣고, 보관해 두고 먹을 때
는 상할 수 있으니 빼고 만들어요.

필수 재료

두 가지 색의 다진 피망(4), 다진 피클(2), 피클물(2),
마요네즈($\frac{2}{3}$컵), 케첩($\frac{1}{3}$컵), 소금(약간), 후춧가루(약간)

만드는 방법

1. 다진 피클과 피망은 면포에 감싸 물기를 제거하고,
2. 나머지 재료와 고루 섞어 마무리.

200㎖=
5~6회분

허니씨겨자드레싱

마요네즈와 알싸한 씨겨자가
어우러져 고급스러운 풍미를 내요.
육류, 참치 등과 잘 어울리고,
밋밋한 맛에 포인트를 더할 때
활용하면 좋아요.

필수 재료

마요네즈($\frac{2}{3}$컵), 꿀(2), 씨겨자(1), 레몬즙(1)

만드는 방법

1. 볼에 모든 재료를 넣고 고루 섞어 마무리.

짭짤한 맛 🌱

샐러드를 밥반찬으로 곁들일 때 얹어 먹기 좋을 드레싱이에요.
짭조름한 치즈와 마요네즈 등을 더한 풍미로 입맛을 사로잡네요.

180㎖=
5회분

블루치즈드레싱

블루치즈의 쿰쿰한 냄새는
다진 마늘로 잡았어요.
마요네즈와 플레인 요거트를
더하면 블루치즈에
익숙하지 않아도
부담없이 즐길 수 있어요.

필수 재료

블루치즈(3), 소금(0.2), 후춧가루(0.1), 레몬즙(2.5),
다진 마늘(1), 마요네즈(8), 플레인 요거트(4)

만드는 방법

1. 볼에 모든 재료를 넣고 블루치즈가 덩어리지지 않도록
   고루 섞어 마무리.
⋯→ 블루치즈는 취향에 따라 덩어리가 살아 있게 섞거나
   더 많은 양을 넣어도 좋아요.

180㎖=
5회분

명란젓마요네즈드레싱

짭쪼름한 맛으로
입맛을 돋우는 명란젓과
드레싱으로 만들어
샐러드에 곁들이면
크리미함과 감칠맛이
입에 착착 감긴답니다.

필수 재료

명란젓(2쪽=60g), 마요네즈(⅔컵), 설탕(0.7)

만드는 방법

1. 명란젓의 가운데에 길게 칼집을 넣어 껍질을 벌린 뒤
   숟가락으로 알만 긁어내고,
⋯→ 드레싱용 명란젓은 저염으로 선택해요.
2. 나머지 재료와 고루 섞어 마무리.

200㎖=
5~6회분

크림치즈드레싱

부드러운 풍미가 가득한
드레싱이에요. 싱싱한 채소가
가득 들어 있는 샐러드와
잘 버무려 한입 먹으면
크림치즈의 깊은 맛이
입안 가득 퍼진답니다.

필수 재료

크림치즈(6), 허브가루(0.5), 소금(0.2), 레몬즙(1.5),
플레인 요거트(6), 꿀(1.5)

만드는 방법

1. 크림치즈(6)를 부드럽게 풀고,
2. 나머지 재료와 고루 섞어 마무리.

200㎖=
5~6회분

시저드레싱

드레싱의 여왕이라고
불리는 시저드레싱.
마요네즈가 마늘의 알싸함과
진한 향을 중화시키고,
보관하는 동안 쉽게 분리가
되지 않도록 도와줘요.

필수 재료

마늘(3쪽), 레몬즙(1.5), 파르메산 치즈가루(3),
마요네즈(4), 올리브유(6)

만드는 방법

1. 마늘은 송송 다지고,
2. 나머지 재료를 넣은 뒤 거품기로 고루 섞어 마무리.

피시소스드레싱

동남아 음식에 빠지지 않는
피시소스는 생선을 숙성시켜
만든 소스로 드레싱에
감칠맛을 더해줘요.
레몬즙으로 비릿한 향을 날리고,
향채소로 매콤한 맛을 살렸어요.

180㎖=
5회분

필수 재료

홍고추(2개), 레몬즙(4), 피시소스(3),
다진 양파(4), 다진 마늘(0.5), 포도씨유(⅔컵)

⋯ 피시소스 대신 멸치액젓을 사용해도 좋아요.

만드는 방법

1. 홍고추는 꼭지 부분을 잘라 씨를 털어낸 뒤 얇게 송송 썰고,
2. 나머지 재료와 고루 섞어 마무리.

매콤한 맛 🌱

한국인이라면 남녀노소 누구든 선호할 매콤한 맛이 도드라지는 드레싱이에요.
샐러드드레싱 이외에 겉절이 혹은 소면에 곁들여 비벼 먹어도 맛있어요.

고추간장드레싱

매콤하면서도 짭짤한 맛이
한국인의 입맛에 딱 맞는
고추간장드레싱. 이 드레싱에
버무린 샐러드는 밥과 곁들여
반찬처럼 먹어도 맛있어요.

180㎖=
5회분

필수 재료

설탕(1), 식초(2), 간장(⅓컵), 물(½컵), 다진 홍고추(2),
참기름(0.7)

만드는 방법

1. 설탕(1), 식초(2), 간장(⅓컵), 물(½컵)을 볼에 담은 뒤
   설탕이 녹을 때까지 섞고,
2. 다진 홍고추(2)와 참기름(0.7)을 섞어 마무리.

⋯ 냉장고에 보관하지 않고 바로 만들어 먹을 경우에는
   다진 마늘(0.3)이나 다진 양파(0.5)를 넣어도 좋아요.

칠리토마토드레싱

토마토에 양파와
할라피뇨를 더해 상큼하고
매콤한 맛이 나는 드레싱이에요.
양상추 위에 그대로 얹어 먹어도
부족함 없이 맛이 좋아요.

200㎖=
5~6회분

필수 재료

토마토(중간크기 ⅔컵), 레몬즙(2), 다진 양파(2),
다진 할라피뇨(1), 올리브유(4), 소금(약간)

만드는 방법

1. 토마토의 껍질에 십자(+)모양으로 칼집을 넣어 끓는 물에
   데친 뒤 찬물에 식혀 껍질을 벗겨 잘게 다지고,
2. 볼에 모든 재료를 넣고 고루 섞어 마무리.

⋯ 재료가 잘 어우러지도록 냉장실에서 숙성시킨 뒤
   차게 먹어요.

part 3

재료준비 + 평균 시간 10분

기본 샐러드

——

한번에 5통을 만드는데
재료 준비 시간 제외해 평균 10분!
물기나 짓무름 없이 싱싱함을 그대로 담아
딱 기본이 되는 샐러드 레시피를 소개합니다.

나이어터들의
즐챷 간식
채소
스틱

vegetable sticks

각 재료를 썰어 밀폐용기에 담기만 하면 되는 초간단 샐러드!
재료를 층층이 담지 않고 세워서 담으면 먹기 훨씬 편해져요.
취향에 따라 다양한 재료를 활용해도 좋아요.

1통 필수 재료 | 콜라비(⅓개=290g), 당근(½개), 셀러리(1대)
5통 필수 재료 | 콜라비(1⅔개=1450g), 당근(2½개), 셀러리(5대)

두부머스터드드레싱

1통
두부(30g), 머스터드드레싱(3)

5통
두부(150g), 머스터드드레싱(1¼컵)

또 어울리는 드레싱

요거트드레싱, 시저드레싱

이렇게 보관하세요!

다른 샐러드에 비해
빈 공간이 많아 식재료가
금방 마를 수 있어요.
최대한 빈 공간이 없도록
빼곡하게 담고,
젖은 키친타월로 덮은 뒤
뚜껑을 닫아주세요.

1

두부를 으깨 면포에 싸서 물기를
짜낸 뒤 머스터드드레싱(3)을 넣고
고루 섞어 **두부머스터드드레싱**을
만들고,

2

콜라비는 1×1×5cm의
막대 모양으로 썰고,

3

당근은 껍질을 벗겨 콜라비와
같은 크기로 썰고,

4

셀러리는 감자칼로 껍질을 벗겨
같은 길이로 썰고,

TIP 채소스틱이 잠길 정도의
물을 부어 2~3일에
한 번씩 물을 갈아주면 더욱
신선하게 즐길 수 있어요.

5

밀폐용기에 콜라비 → 당근 →
셀러리를 세워 담아 마무리.

새초롬한
한 그릇
사과
샐러드

apple salad

모든 재료를 비슷한 모양과 크기로 채 써는 것이
이 샐러드의 포인트예요.
그래야 밀폐용기에 빈 공간 없이 담을 수 있어
보관 기간이 길고 식감도 자연스럽게 어우러진답니다.

1통   필수 재료 | 사과($\frac{1}{2}$개), 당근($\frac{1}{4}$개), 슬라이스햄(3장)
     선택 재료 | 건포도(2)

5통   필수 재료 | 사과($2\frac{1}{2}$개), 당근($1\frac{1}{4}$개), 슬라이스 햄(11장)
     선택 재료 | 건포도(10)

소요 시간 | 10분   칼로리 | 263 kcal

머스터드드레싱

1통
레몬즙(0.5)+머스터드(1)+
마요네즈(2)+꿀(0.7)+
소금(약간)+후춧가루(약간)

5통
레몬즙(2.5)+머스터드(5)+
마요네즈(10)+꿀(3.5)+
소금(약간)+후춧가루(약간)

또 어울리는 드레싱
프렌치드레싱, 시저드레싱

이렇게 보관하세요!
사과는 갈변이 최대한 덜하도록
껍질째 사용해요.

건포도처럼 마른 과일은
보관하는 동안 수분이
많이 생기므로 가장 밑에 담아요.

1

머스터드드레싱을 만들고,

2

사과는 껍질째 채 썰고,

┄⟩ 사과는 갈변하지 않도록 설탕물
(물1컵+설탕1)에 담갔다가 사용해요.

3

당근은 사과와 비슷한 길이로
얇게 채 썰고,

4

슬라이스햄도 당근과 비슷한 길이
로 채 썰고,

5

밀폐용기에 건포도 → 사과 → 당근 →
슬라이스햄 순으로 담아 마무리.

┄⟩ 건포도는 보관하는 동안 부드럽게 불어요.

달콤하게
터지는
참외
샐러드

korean melon salad

아삭아삭한 식감과 수분이 살아 있는 참외와 오이가 듬뿍!
여기에 상큼한 블루베리와 고소한 리코타치즈를
더하니 정말 잘 어울려요. 나들이 도시락으로 강력 추천해요.

1통 　필수 재료 | 참외(1개), 오이($\frac{1}{4}$개), 어린잎채소(1줌)
　　　선택 재료 | 블루베리($\frac{2}{3}$컵), 리코타치즈(3)

5통 　필수 재료 | 참외($3\frac{1}{2}$개), 오이($1\frac{1}{4}$개), 어린잎채소(4줌)
　　　선택 재료 | 블루베리(2컵), 리코타치즈($1\frac{1}{3}$컵)

소요 시간 | 10분　칼로리 | 316kcal

발사믹드레싱

1통
발사믹식초(1)+
다진 양파(0.5)+꿀(0.7)+
올리브유(2)

5통
발사믹식초(3.5)+
다진 양파(2)+꿀(2)+
올리브유(7=$\frac{1}{2}$컵)

또 어울리는 드레싱
프렌치드레싱, 유자청드레싱

이렇게 보관하세요!
모든 재료를 담고 랩을 씌운 뒤
뚜껑을 닫아 공기를 차단하거나
리코타치즈만 따로 담아
보관해도 좋아요.

1

발사믹드레싱을 만들고,

2

참외는 껍질을 벗겨 반 갈라 씨를
긁어낸 뒤 납작 썰고,

3

오이는 얇게 썰고,

4

어린잎채소는 깨끗이 헹군 뒤
체에 밭쳐 물기를 빼고,

5

블루베리는 깨끗이 헹군 뒤
체에 밭쳐 물기를 빼고,

6

밀폐용기에 참외 → 오이 →
블루베리 → 어린잎채소 →
리코타치즈 순으로 담아 마무리.

very very
스트로베리
딸기
↓ 샐러드 ✿

strawberry salad

먹기 좋은 크기로 썰어 차곡차곡 담기만 하면 OK!
비타민이 듬뿍 들어 있는 달콤한 딸기와 상큼한 파인애플은
피부에도 좋아 여자분들에게 적극 추천하는 샐러드에요.

1통 필수 재료 | 딸기(6개), 파인애플 링(1개), 어린잎채소(1줌)
5통 필수 재료 | 딸기(30개), 파인애플 링(9개), 어린잎채소(5줌)

사우전드아일랜드드레싱

1통
다진 피클(0.5)+두 가지 색의
다진 피망(1)+피클물(0.7)+
마요네즈(2)+케첩(1)+
소금(약간)+후춧가루(약간)

5통
다진 피클(1.5)+두 가지 색의
다진 피망(5)+피클물(2)+
마요네즈(10)+케첩(5)+
소금(0.2)+후춧가루(약간)

또 어울리는 드레싱

키위드레싱, 요거트드레싱

이렇게 보관하세요!

파인애플, 딸기, 어린잎채소는
꾹꾹 눌러 담으면 금방 무르니,
무거운 재료 아래에 담지
않는 게 좋아요.

통조림 파인애플보다
생파인애플이 물기가 덜 생겨요.

1
다진 피클과 피망은 면포에 감싸
물기를 뺀 뒤 나머지 재료와 섞어
사우전드아일랜드드레싱을 만들고,

2
딸기는 4등분하고,

3
파인애플은 한입 크기로 썰고,

4
어린잎채소는 깨끗이 헹군 뒤
체에 밭쳐 물기를 빼고,

5
밀폐용기에 파인애플 → 딸기 →
어린잎채소 순으로 담아 마무리.

은은한 단맛이
매력적인

당근 샐러드

carrot salad

화려한 색감으로 눈을 사로잡고, 아작아작한 식감으로
입을 사로잡는 당근은 프렌치드레싱과 찰떡궁합을 자랑해요.
당근을 드레싱에 미리 버무려 맛이 더욱 진해요.

1통 필수 재료 | 당근($\frac{1}{2}$개)
　　 선택 재료 | 호두(3개), 건포도(1)

5통 필수 재료 | 당근($2\frac{1}{2}$개)
　　 선택 재료 | 호두(15개), 건포도(10)

소요 시간 | 10분　칼로리 | 318kcal

프렌치드레싱

1통
설탕(0.5)+소금(0.1)+
허브가루(0.2)+레몬즙(3)+
후춧가루(약간)+올리브유(4)

5통
설탕(1.5)+소금(0.5)+
허브가루(1)+레몬즙(15)+
후춧가루(약간)+올리브유(12)

이렇게 보관하세요!
건포도도 함께 버무려 담아야
길게 보관할 수 있고, 맛이
고루 섞여요.

보관하는 동안 당근이 절여지면
물기가 생기므로 종이포일을
깔고 호두를 얹어도 좋아요.

1

프렌치드레싱을 만들고,

⋯▸ 올리브유는 마지막에 천천히 넣으면서
　 섞어야 분리가 되지 않아요.

2

당근은 얇게 채 썰고,

3

호두는 굵게 다지고,

4

볼에 채 썬 당근과 건포도를 담은 뒤
프렌치드레싱을 넣어 버무리고,

5

밀폐용기에 버무린 당근과 건포도를
담은 뒤 호두를 올려 마무리.

재료 준비 + 평균 시간 10분 기본 샐러드　**043**

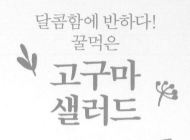

달콤함에 반하다!
꿀먹은
고구마
샐러드

sweet potato salad

고구마에 사과까지 더했으니 참 든든하겠죠.
고구마는 뭉그러질 정도로 푹 익히는 것보다
살짝 덜 익혀야 오래 보관할 수 있어요.
충분히 식혀서 담아야
다른 재료가 상하지 않는답니다.

1통 필수 재료 | 고구마(1개), 양상추(2장)
　　선택 재료 | 사과($\frac{1}{2}$개)
5통 필수 재료 | 고구마(5개), 양상추(10장=$\frac{1}{4}$개)
　　선택 재료 | 사과($2\frac{1}{2}$개)

소요 시간 | 10~15분　칼로리 | 283kcal

머스터드드레싱

1통
레몬즙(0.5)+머스터드(1) +
마요네즈(2)+꿀(0.7)+
소금(약간)+후춧가루(약간)

5통
레몬즙(2.5)+머스터드(5)+
마요네즈(10)+꿀(3.5)+
소금(약간)+후춧가루(약간)

또 어울리는 드레싱
두유참깨드레싱, 요거트드레싱

이렇게 보관하세요!
양상추는 칼로 썰면 접촉면이
갈변돼요. 잎을 하나씩 떼어 손으로
찢고, 남은 양상추는 랩으로 감싸
냉장 보관하세요.

냉장실 안쪽에 넣어두면
온도가 낮아 양상추가
얼 수 있으니 주의하세요.

1

머스터드드레싱을 만들고,

2

고구마는 깨끗이 씻어 껍질째
익힌 뒤 사방 2cm 크기로 깍둑 썰고,

⋯ 전자레인지에 익힐 경우, 고구마가
　살짝 잠길 정도의 물을 붓고 랩을 씌워
　구멍 2~3개를 뚫은 뒤 젓가락으로
　찔렀을 때 부드럽게 들어갈 정도로
　익혀주세요.

3

사과도 깨끗이 씻어 껍질째
사방 2cm 크기로 깍둑 썰고,

4

양상추는 한입 크기로 뜯고,

5

밀폐용기에 사과 → 고구마 →
양상추 순으로 담아 마무리.

한 그릇을 가득 채운
고소한 맛

밤
샐러드

chestnut salad

오독오독 씹히는 밤과 아삭아삭한 과일을
꼭꼭 씹어 먹으니 포만감이 좋은 샐러드에요.
적은 양을 먹어도 배가 든든하답니다.
만드는 시간도 5분이면 충분해요.

1통 필수 재료 | 배($\frac{1}{4}$개), 사과($\frac{1}{4}$개), 밤(3톨)
    선택 재료 | 건포도(1)

5통 필수 재료 | 배(1$\frac{1}{4}$개), 사과(1개), 밤(1컵)
    선택 재료 | 건포도(5)

소요 시간 | 10~15분   칼로리 | 287kcal

두유참깨드레싱

1통
두부(100g)+소금(0.1)+
두유($\frac{1}{4}$컵)+올리고당(1.5)+
참깨(2)

5통
두부(500g)+소금(0.2)+
두유(1$\frac{1}{4}$컵)+올리고당(3.2)+
참깨(10)

또 어울리는 드레싱

잣드레싱, 두부머스터드드레싱

이렇게 보관하세요!

배는 설탕물(물1컵+설탕1)에
담갔다 건져 담으면
더 신선하게 보관할 수 있어요.

밤은 껍질이 벗겨진 것으로
구입하면 덜 갈변돼요.

1

드레싱 재료를 믹서에 넣어 곱게
갈아 **두유참깨드레싱**을 만들고,

2

배는 껍질을 벗겨 한입 크기로
깍둑 썰고,

3

사과는 껍질째 한입 크기로
깍둑 썰고,

4

밤은 껍질을 벗겨 납작 썰고,

5

밀폐용기에 건포도 → 배 → 사과 →
밤 순으로 담아 마무리.

야식으로
부담 없는
치커리
샐러드

chicory salad

운동 후에도 부담없이 먹을 수 있는
가벼운 치커리샐러드에요.
쌉쌀하면서도 깔끔한 맛으로
자주 먹어도 질리지 않아요.

1통 **필수 재료** | 치커리(1줌), 사과(⅓개), 삶은 달걀(1개)
5통 **필수 재료** | 치커리(5줌), 사과(1½개), 삶은 달걀(5개)

키위드레싱

1통
키위(1개)+설탕(0.5)+
소금(약간)+레몬즙(0.5)+
올리브유(2)

5통
키위(5개)+설탕(1.5)+
소금(0.2)+레몬즙(2)+
올리브유(7=⅓컵)

이렇게 보관하세요!
달걀은 흰자보다 노른자에
수분이 더 많아 치커리에
직접적으로 닿으면 금방
물러지므로 통에 담을 때는
노른자가 위를 향하게 두어요.

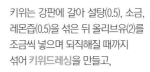

1

키위는 강판에 갈아 설탕(0.5), 소금,
레몬즙(0.5)을 섞은 뒤 올리브유(2)를
조금씩 넣으며 되직해질 때까지
섞어 **키위드레싱**을 만들고,

2

치커리는 손으로 굵게 뜯고,

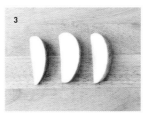

3

사과는 껍질째 웨지 모양으로 썰고,

4

삶은 달걀은 4~6등분하고,

5

밀폐용기에 사과 → 치커리 →
삶은 달걀 순으로 담아 마무리.

아삭하고
보드랍게 씹히는

양배추
샐러드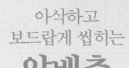

cabbage salad

양배추샐러드는
3~4일 정도 냉장고에 두었다가 먹으면 더 맛있어요.
시간이 지날수록 프렌치드레싱이 양배추와 오이에
잘 배어들어 새콤달콤해지거든요.

1통 필수 재료 | 양배추(3장), 청오이($\frac{1}{3}$개), 방울토마토(6개)
5통 필수 재료 | 양배추($\frac{1}{2}$통), 청오이(1$\frac{1}{3}$개), 방울토마토(21개=3컵)

소요 시간 | 10~15분   칼로리 | 128kcal

프렌치드레싱

1통
설탕(0.3)+소금(0.1)+
허브가루(0.1)+레몬즙(1.5)+
후춧가루(약간)+올리브유(2)

5통
설탕(0.8)+소금(0.3)+
허브가루(0.3)+레몬즙(4.5)+
후춧가루(약간)+올리브유(7=$\frac{1}{2}$컵)

또 어울리는 드레싱

키위드레싱, 요거트드레싱

이렇게 보관하세요!

드레싱에 절인 채소는 보관기간이
길어져요. 또 부피가 줄어들기
때문에 담을 때 넉넉히 담아요.

방울토마토는 물기가
생기지 않도록 통째로 담아요.

1

프렌치드레싱을 만들고,

┈→ 올리브유는 마지막에 천천히
   넣으면서 섞어야 분리가 되지 않아요.

2

양배추는 곱게 채 썰고,

3

청오이는 얇게 썰고,

4

방울토마토는 꼭지를 떼고,

5

볼에 양배추와 오이를 담은 뒤
드레싱에 버무리고,

6

밀폐용기에 드레싱에 버무린
양배추와 오이를 담고
방울토마토를 올려 마무리.

상큼함에
기분까지 up!

양상추
샐러드 🌱

lettuce salad

아삭한 양상추와
바삭한 나초가 어우러져 씹는 맛이 제대로예요.
양상추를 밀폐용기에 가득 차게 담은 뒤
먹기 직전에 나초를 준비해 곁들이면
바삭바삭한 식감을 그대로 느낄 수 있어요.

1통 **필수 재료** | **양상추(3장), 적양파($\frac{1}{4}$개), 방울토마토(5개)**
　　선택 재료 | 나초(약간), 파르메산 치즈가루(0.3)

5통 **필수 재료** | **양상추(1통), 적양파(1개), 방울토마토(25개=3$\frac{1}{2}$컵)**
　　선택 재료 | 나초(약간), 파르메산 치즈가루(2)

소요 시간 | 10~15분　칼로리 | 214 kcal

크림치즈드레싱

1통
크림치즈(2)+허브가루(0.2)+
레몬즙(0.5)+플레인 요거트(2)+
꿀(0.5)+소금(약간)+후춧가루(약간)

5통
크림치즈(8)+허브가루(0.6)+
레몬즙(2.5)+플레인 요거트(10)+
꿀(2)+소금(0.1)+후춧가루(약간)

또 어울리는 드레싱

발사믹드레싱, 프렌치드레싱

이렇게 보관하세요!

방울토마토를 꼭지만 제거한 뒤
통째로 담으면 물기 없이
더 오랜 시간 보관할 수 있어요.

양상추를 용기에 가득 차게 담고
나초는 따로 담아도 돼요.

1

크림치즈를 부드럽게 푼 뒤
나머지 재료를 섞어
크림치즈드레싱을 만들고,

2

양상추는 굵게 채 썰고,

3

적양파는 얇게 채 썬 뒤 흐르는 물에
헹궈 매운맛을 제거하고,

4

방울토마토는 꼭지를 떼고,

5

나초는 굵게 부수고,

6

밀폐용기에 방울토마토 →
적양파 → 양상추 → 나초 →
파르메산 치즈가루 순으로 담아
마무리.

샐러드의
명품 주연

참치
샐러드

tuna salad

고소한 참치와 아삭한 채소가 어우러진 샐러드에요.
머스터드드레싱에 다진 양파를 넣어
참치샐러드와 곁들이면 양파가
참치의 느끼함을 잡아주어 더욱 산뜻해져요.

1통　필수 재료 | 참치 통조림(1캔=100g), 토마토(1개), 셀러리(1대=32cm), 양상추(3장)
　　　선택 재료 | 통조림 옥수수(3)

5통　필수 재료 | 참치 통조림(6캔=600g), 토마토(6개), 셀러리(5대), 양상추(⅔통)
　　　선택 재료 | 통조림 옥수수(15=⅔컵)

소요 시간 | 10~15분　칼로리 | 278kcal

머스터드드레싱

1통
레몬즙(0.5)+머스터드(1) +
마요네즈(2)+꿀(0.7)+
소금(약간)+후춧가루(약간)

5통
레몬즙(3)+머스터드(5)+
마요네즈(8)+꿀(2.5)+소금(약간)+
후춧가루(약간)

. . . .

또 어울리는 드레싱
프렌치드레싱,
사우전드아일랜드드레싱

. . . .

이렇게 보관하세요!
토마토는 단단한 걸 사용해요.
더 오래 보관하려면 물기가
많은 씨 부분을 빼요.

토마토를 썰어 넣는 대신
방울토마토 꼭지만 떼어
통째로 담아도 돼요.

1

머스터드드레싱을 만들고,

2

참치는 체에 밭쳐 기름기를 빼고,

3

통조림 옥수수는 체에 밭쳐 충분히
물기를 빼고,

4

토마토는 웨지 모양으로 썰고,
셀러리는 감자칼로 껍질을 벗긴 뒤
4cm 길이로 썰고,

… 굵은 셀러리는 반 갈라요.

5

양상추는 한입 크기로 찢고,

6

밀폐용기에 토마토 → 참치 →
셀러리 →양상추 → 옥수수 순으로
담아 마무리.

토마토와 단짝

연두부토마토
샐러드

silken tofu&tomato salad

2가지 재료만으로 만든 샐러드지만
속을 든든하게 채우기 더할 나위 없답니다.
보들보들한 연두부는 숟가락으로
큼직하게 떠서 담아주세요.

 1통 필수 재료 | 토마토(1개), 샐러드채소(1줌), 연두부(1모=250g)
5통 필수 재료 | 토마토(5개), 샐러드채소(5줌), 연두부(5모=1250g)

오리엔탈드레싱

1통
설탕(0.5)+간장(1)+레몬즙(0.5)+
올리브유(2)+후춧가루(약간)+
참깨(0.1)

5통
설탕(3)+간장(6)+레몬즙(3)+
올리브유(10=⅔컵)+
후춧가루(약간)+참깨(1)

또 어울리는 드레싱

두유참깨드레싱, 잣드레싱

이렇게 보관하세요!

이 샐러드는 보관하는 동안
수분이 많이 생겨요.
먹기 전에 물기를 따라낸 뒤
드레싱을 뿌려요.

물기가 많은 상태에서도
2~3일간 보관이 가능해요.
그 이상 보관할 때는
일반 두부를 사용해요.

1

설탕(0.5)에 간장(1), 레몬즙(0.5)을
넣어 설탕이 녹을 때까지 잘 저은 뒤
나머지 드레싱 재료를 섞어
오리엔탈드레싱을 만들고,

2

토마토는 웨지 모양으로 썰고,

3

샐러드채소는 깨끗이 헹군 뒤
체에 밭쳐 물기를 빼고,

4

밀폐용기에 토마토와 연두부를
번갈아 담고,

5

샐러드채소를 얹어 마무리.

part 4

재료준비 + 평균 시간 15분

초간단 샐러드

―

평균 15분만 투자하면
5일치 샐러드 걱정할 필요가 없어요.
재료별 딱 맞는 세척과 손질, 보관법으로
초간단하지만 영양과 맛은 꽉 채운 샐러드예요.

달달하고
새콤하게
단감
샐러드

persimmon salad

누구나 좋아할 만한 단감샐러드를 한번 만들어보세요.
단감의 달달함과 산딸기의 새콤함이 입안에서 기분 좋게 퍼져요.
단감처럼 단단한 과일은 밀폐용기 샐러드로 만들기 딱이에요.

 1통 필수 재료 | 단감($\frac{1}{2}$개), 치커리(1줌), 산딸기($\frac{1}{2}$컵)
선택 재료 | 피칸(5개)

5통 필수 재료 | 단감($2\frac{1}{2}$개), 치커리(2줌), 산딸기($2\frac{1}{2}$컵)
선택 재료 | 피칸(25개)

소요 시간 | 15분   칼로리 | 271 kcal

요거트 드레싱

1통
설탕(0.5)+레몬즙(1) +
플레인 요거트($\frac{1}{2}$ 팩=40g)+
마요네즈(1)

5통
설탕(2.5)+레몬즙(5)+
플레인 요거트($2\frac{1}{2}$ 팩=200g)+
마요네즈(3)

....

또 어울리는 드레싱
프렌치드레싱, 키위드레싱

1

요거트드레싱을 만들고,

2

단감은 껍질을 벗겨 웨지 모양으로
썰고,

···› 밀폐용기에 담을 때 씨는 빼고 넣어요.

3

치커리는 손으로 잘게 찢고,

4

피칸은 굵게 다지고,

5

밀폐용기에 단감 → 산딸기 →
치커리 → 피칸 순으로 담아
마무리.

신선함에
반했다
시금치
토마토 샐러드

spinach & tomato salad

시금치의 달콤함과 향긋함을 제대로 느끼고 싶다면
데쳐서 무친 반찬보다 생으로 먹는 걸 추천해요.
드레싱이 시금치의 풋내는 잡고
신선한 맛은 올려줘요.

1통 필수 재료 | 시금치(½줌), 방울토마토(5개), 아보카도(½개)
　　선택 재료 | 아몬드(5개)
5통 필수 재료 | 시금치(2½줌), 방울토마토(25개), 아보카도(2½개)
　　선택 재료 | 아몬드(25개)

소요 시간 | 15분　칼로리 | 447kcal

사우전드아일랜드드레싱

1통
다진 피클(0.5)+두 가지 색
다진 피망(1)+피클물(0.7)+
마요네즈(2)+케첩(1)+
소금(약간)+후춧가루(약간)

5통
다진 피클(2)+두 가지 색
다진 피망(4)+피클물(2)+
마요네즈(⅔컵)+케첩(⅓컵)+
소금(약간)+후춧가루(약간)

또 어울리는 드레싱
블루치즈드레싱, 두유참깨드레싱

이렇게 보관하세요!
시금치는 물이 닿으면 금방
무르는 재료예요. 시금치와
맞닿은 곳은 물기가 적은
재료를 담아요.

아보카도는 모양대로 얇게 썰어야
빈 공간 없이 담을 수 있어요.
작은 밀폐용기에는 깍둑 썰어
넣어도 돼요.

1

다진 피망과 피클은 면포에 감싸
물기를 뺀 뒤 나머지 재료와 섞어
사우전드아일랜드드레싱을 만들고,

2

시금치는 뿌리를 다듬은 뒤
여린 잎만 골라 하나씩 뜯고,

⋯→ 시금치는 손으로 뜯어야 보다 신선하게
　　보관할 수 있어요.

3

방울토마토는 반으로 썰고,

4

아보카도는 반을 갈라 씨를 뺀 뒤
납작 썰고,

5

밀폐용기에 방울토마토 →
아보카도 → 시금치 → 아몬드
순으로 담아 마무리.

포만감
으뜸!

셀러리
샐러드

celery salad

셀러리는 섭취할 때보다 소화시킬 때 사용되는 칼로리가 더 높아
일명 '마이너스 칼로리' 식품으로 꼽혀요.
셀러리의 싱그러움을 가득 담은 이 샐러드는 다이어트에
도전하려는 분들에게 추천해요.

1통 필수 재료 | 셀러리($\frac{1}{2}$대=20cm), 사과($\frac{1}{2}$개), 양상추(2장), 삶은 달걀(1개)
5통 필수 재료 | 셀러리($2\frac{1}{2}$대=100cm), 사과($2\frac{1}{2}$개), 양상추(10장=$\frac{1}{4}$개),
　　　　　　　삶은 달걀(5개)

소요 시간 | 15분　칼로리 | 260kcal

칠리토마토드레싱

1통
레몬즙(0.5)+
다진 토마토(1)+다진 양파(0.5)+
다진 할라피뇨(0.3)+
올리브유(2.5)+소금(약간)

5통
레몬즙(1.5)+
다진 토마토(5)+다진 양파(1)+
다진 할라피뇨(0.7)+
올리브유(5)+소금(약간)

또 어울리는 드레싱
허니씨겨자드레싱, 크림치즈드레싱

이렇게 보관하세요!
셀러리는 익히지 않고 생으로
담아야 다른 재료에 향이 배지
않아요.

1

칠리토마토드레싱을 만들고,

···› 토마토는 껍질에 십자(+)모양으로
　　칼집을 넣어 끓는 물에 데친 뒤
　　찬물에 식혀 껍질을 벗겨 잘게 다져
　　사용하세요.

2

셀러리는 감자칼로 섬유질을
벗긴 뒤 어슷 썰고, 사과는 셀러리와
비슷한 크기로 납작 썰고,

3

양상추는 씻어서 물기를 뺀 뒤
한입 크기로 찢고,

4

삶은 달걀은 4등분하고,

5

밀폐용기에 셀러리 → 사과 →
양상추 → 삶은 달걀 순으로 담아
마무리.

아삭함과
달달함의 콜라보
↓ 콜라비 ✿
콘샐러드

kohlrabi corn salad

밀폐용기에 담아 두어도 물기가 많이 생기지 않는
콜라비로 만든 콜라비콘샐러드! 알록달록한 색감이 예쁘죠.
옥수수를 마른 팬에 볶은 뒤 밀폐용기에 담으면 보관하는 동안 물기가
덜 생기고 식감도 좋아진답니다.

1통 | 필수 재료 | 통조림 옥수수($\frac{1}{2}$캔=100g), 콜라비($\frac{1}{5}$개=150g)
　 　 선택 재료 | 당근($\frac{1}{3}$개)

5통 | 필수 재료 | 통조림 옥수수($2\frac{1}{2}$캔=500g), 콜라비(1개=750g)
　 　 선택 재료 | 당근(2개)

소요 시간 | 15분　칼로리 | 258kcal

머스터드드레싱

1통
레몬즙(0.5)+머스터드(1) +
마요네즈(2)+꿀(0.7)+
소금(약간)+후춧가루(약간)

5통
레몬즙(2.5)+머스터드(5)+
마요네즈(10)+꿀(3.5)+
소금(약간)+후춧가루(약간)

또 어울리는 드레싱
허니씨겨자드레싱, 크림치즈드레싱

이렇게 보관하세요!
볶은 옥수수를 따로 담아 보관하면
더 오래 두고 먹을 수 있어요.

1

머스터드드레싱을 만들고,

2

통조림 옥수수는 체에 밭쳐 물기를
빼고,

3

콜라비와 당근은 껍질을 벗겨
사방 1cm 크기로 납작 썰고,

4

중간 불로 달군 마른 팬에 옥수수를
넣어 3분 정도 볶아 수분을 날리고,

5

밀폐용기에 콜라비 → 당근 →
옥수수 순으로 담아 마무리.

샐러드 속
단골 식재료

↓ 오이
샐러드

cucumber salad

오이는 씨를 빼고 사용해야
더욱 싱싱하게 보관할 수 있어요.
청오이의 껍질이 질기면 껍질을 드문드문 벗겨서 사용해요.
시원하고 아작한 오이의 맛을 한껏 즐겨보세요.

1통 필수 재료 | 청오이($\frac{1}{3}$개), 적양파($\frac{1}{2}$개), 블랙올리브(2개),
방울토마토(3개), 어린잎채소(1줌)

5통 필수 재료 | 청오이(2개), 적양파(1개), 블랙올리브(10개),
방울토마토(2컵), 어린잎채소(5줌=1봉)

소요 시간 | 15분 칼로리 | 187kcal

크림치즈드레싱

1통
크림치즈(2)+허브가루(0.2)+
레몬즙(0.5)+플레인 요거트(2) +
꿀(0.5)+소금(약간)+
후춧가루(약간)

5통
크림치즈(10)+허브가루(0.5)+
레몬즙(2.5)+플레인 요거트(10) +
꿀(2.5)+소금(약간)+
후춧가루(약간)

또 어울리는 드레싱
블루치즈드레싱, 오리엔탈드레싱

이렇게 보관하세요!
오이는 씨 부분부터
상하기 때문에 오래 보관하려면
꼭 씨를 제거해야 해요.

1

크림치즈를 부드럽게 푼 뒤
나머지 재료를 섞어
크림치즈드레싱을 만들고,

2

청오이는 길게 반 갈라 숟가락으로
씨를 긁어낸 뒤 1cm 두께로 썰고,

3

적양파는 얇게 채 썰고,
블랙올리브는 동그란 모양을 살려
썰고, 방울토마토는 반으로 썰고,

4

어린잎채소는 깨끗이 헹군 뒤
체에 밭쳐 물기를 빼고,

5

밀폐용기에 방울토마토 →
블랙올리브 → 청오이 → 적양파 →
어린잎채소 순으로 담아 마무리.

큐브 모양으로
한 입에 쏙
참치오이 🌱
샐러드

tuna cucumber salad

큐브참치를 사용해 모양이 흐트러지지 않아
보관했다가 꺼내도 깔끔해요.
사각 모양의 밀폐용기에 담아 빈 공간을 줄이면
신선함을 오래 유지할 수 있답니다.

1통 필수 재료 | 큐브참치(1캔=160g), 오이(⅓개), 사과(½개)
5통 필수 재료 | 큐브참치(5캔=800g), 오이(2⅓개), 사과(2½개)

소요 시간 | 15~20분 칼로리 | 377kcal

칠리토마토드레싱

1통
레몬즙(0.5)+
다진 토마토(1)+다진 양파(0.5)+
다진 할라피뇨(0.3)+
올리브유(2.5)+소금(약간)

5통
레몬즙(2.5)+
다진 토마토(5)+다진 양파(2.5)+
다진 할라피뇨(1)+
올리브유(12.5=⅔컵)+소금(약간)

....

또 어울리는 드레싱

고추냉이드레싱,
케이퍼타르타르드레싱

....

이렇게 보관하세요!

사과는 맨 위에 담으면
금방 갈변되니, 재료 사이나
맨 밑에 담아요.

1

칠리토마토드레싱을 만들고,

···→ 토마토는 껍질에 십자(+)모양으로
칼집을 넣어 끓는 물에 데친 뒤
찬물에 식혀 껍질을 벗겨 잘게 다져
사용하세요.

2

큐브참치는 체에 밭쳐
기름기를 빼고,

3

오이와 사과는 큐브참치와
비슷한 크기로 깍둑 썰고,

4

밀폐용기에 큐브참치 → 사과 →
오이 순으로 담아 마무리.

하루 영양소를
가득 담은
↓ 케일 ❀
샐러드

kale salad

케일은 열을 가하지 않고 생으로 먹는 것이
케일이 가진 영양소를 100% 섭취하는 데 가장 좋답니다.
샐러드에 넣을 때는 쓴맛이 강한 주스용 케일보다
쌈채소용 케일을 추천해요.

1통 필수 재료 | 케일(7장), 사과($\frac{1}{2}$개)
　　선택 재료 | 베이컨(2줄), 호두(2)

5통 필수 재료 | 케일(35장), 사과(2$\frac{1}{2}$개)
　　선택 재료 | 베이컨(10줄), 호두(10)

소요 시간 | 15~20분　칼로리 | 282kcal

오리엔탈드레싱

1통
설탕(0.5)+간장(1)+레몬즙(0.5) +
올리브유(2)+후춧가루(약간)+
참깨(0.1)

5통
설탕(2.5)+간장(5)+레몬즙(2.5)+
올리브유(10)+후춧가루(약간)+
참깨(1)

....

또 어울리는 드레싱

요거트드레싱, 머스터드드레싱

....

이렇게 보관하세요!

케일은 다른 잎채소에 비해
잎이 두껍고 질기므로 잘게 썰어
주세요.

칼이 닿은 단면이 금방
무를 수 있어 오래 보관할 때는
케일 대신 손으로 찢은 양상추를
넣어도 좋아요.

1

설탕(0.5)에 간장(1), 레몬즙(0.5)을
넣어 설탕이 녹을 때까지 저은 뒤
나머지 드레싱 재료를 섞어
오리엔탈드레싱을 만들고,

2

케일은 1cm 폭으로 채 썰고,

3
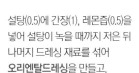

사과는 껍질째 얇게 납작 썰고,

4

중간 불로 달군 팬에 베이컨을 바삭
하게 굽고,

…▸ 기름을 두르지 않고 구워요.
…▸ 베이컨 대신 햄을 사용해도 돼요.

5

구운 베이컨을 키친타월에 올려
기름기를 뺀 뒤 굵게 채 썰고,

6

밀폐용기에 사과 → 케일 → 베이컨 →
호두 순으로 담아 마무리.

베지테리안을 위한
추천 샐러드

두부
샐러드

tofu salad

깔끔하고 담백한 두부샐러드는
아침 식사 대용으로 가볍게 먹기 좋아요.
냉장고에 늘 있는 재료로 만들어 더욱 실용적이에요.
보관하는 동안 피망의 향이
다른 재료에 배지 않도록 살짝 데쳐 넣었어요.

1통 필수 재료 | 두부($\frac{1}{2}$모=100g), 당근($\frac{1}{4}$개), 피망($\frac{1}{2}$개)
　　 양념 | 소금(0.1)

5통 필수 재료 | 두부($2\frac{1}{2}$모=500g), 당근($1\frac{1}{4}$개), 피망($2\frac{1}{2}$개)
　　 양념 | 소금(0.5)

소요 시간 | 15~20분　칼로리 | 472kcal

잣드레싱

1통
잣(3)+호두(2)+설탕(0.3)+
간장(0.3)+허니머스터드(0.5)+
포도씨유($\frac{1}{4}$컵)

5통
잣(10=$\frac{1}{3}$컵)+호두(12=$\frac{1}{2}$컵)+
설탕(1.3)+간장(1.3)+
허니머스터드(2.5)+포도씨유($1\frac{1}{4}$컵)

．．．．．．．．．．．．．．．．．．．．．．．．．．．．

또 어울리는 드레싱

사우전드아일랜드드레싱,
오리엔탈드레싱

．．．．．．．．．．．．．．．．．．．．．．．．．．．．

이렇게 보관하세요!

두부는 데쳐서 넣어야
단단해지지 않고 물이 생기지
않아요. 데친 뒤 키친타월에
올려 물기를 닦고 담아요.

금방 먹을 때에는
두부에 녹말가루를 묻혀
바삭하게 튀기듯 구워도 좋아요.

1

드레싱 재료를 믹서에 넣은 뒤 곱게
갈아 **잣드레싱**을 만들고,

2

두부는 사방 2cm로 깍둑 썰고,

3

당근과 피망은 채 썰고,

4

끓는 소금물(물5컵+소금3)에
두부를 넣어 30초간 데쳐 건지고,

5

같은 물에 피망을 넣어 살짝 데치고,

6

밀폐용기에 두부 → 피망 → 당근
순으로 담아 마무리.

너무 상큼해서
너도 한입

청포도
샐러드

green grape salad

피로회복은 물론 피부미용에도 좋은
청포도의 싱그러움이 고스란히 느껴지는 샐러드예요.
한입에 쏙 들어가 따로 썰어 담지 않았어요.
썰지 않고 담으면 쉽게 물기가 생기지 않아
오래 보관할 수 있답니다.

 1통 필수 재료 | 청포도(1컵), 방울토마토(1컵), 시리얼(½컵)
5통 필수 재료 | 청포도(5컵), 방울토마토(10컵), 시리얼(5컵)

소요 시간 | 15~20분 칼로리 | 302kcal

크림치즈드레싱

1통
크림치즈(2)+허브가루(0.2)+
레몬즙(0.5)+플레인 요거트(2) +
꿀(0.5)+소금(약간)+
후춧가루(약간)

5통
크림치즈(10)+허브가루(0.5)+
레몬즙(2.5)+플레인 요거트(10)+
꿀(2.5)+소금(약간)+
후춧가루(약간)

....

또 어울리는 드레싱

요거트드레싱

....

이렇게 보관하세요!

이 샐러드는 빈 공간은 많지만
오랫동안 싱싱하게 보관할 수
있어요.

꼭지 부분의 물기를 잘 닦아야
쉽게 상하지 않아요.

1

크림치즈(2)를 부드럽게 푼 뒤
나머지 재료를 섞어
크림치즈드레싱을 만들고,

2

청포도는 깨끗이 씻어 물기를 빼고,

3

방울토마토도 깨끗이 씻어
물기를 빼고,

4

시리얼을 준비하고,

5

밀폐용기에 청포도 → 방울토마토 →
시리얼 순으로 담아 마무리.

과즙 폭탄

자몽
샐러드

grapefruit salad

신맛, 단맛, 쓴맛의 3박자가
잘 어우러진 매력만점 과일을 담았어요.
자몽은 비타민 C가 풍부하게 함유되어
피로회복과 다이어트에 좋아요.

1통 필수 재료 | 비타민(1줌), 자몽($\frac{1}{2}$개), 아몬드 슬라이스(2)
　　선택 재료 | 오렌지(1개)

5통 필수 재료 | 비타민(5줌), 자몽(2$\frac{1}{2}$개), 아몬드 슬라이스(10)
　　선택 재료 | 오렌지(2개)

소요 시간 | 15~20분　칼로리 | 275kcal

발사믹드레싱

1통
발사믹식초(1)+
다진 양파(0.5)+꿀(0.7)+
올리브유(2)

5통
발사믹식초(5)+
다진 양파(3)+꿀(2.7)+
올리브유($\frac{2}{3}$컵)

⋯⋯⋯⋯⋯⋯⋯⋯⋯⋯⋯⋯⋯

또 어울리는 드레싱

키위드레싱, 요거트드레싱

⋯⋯⋯⋯⋯⋯⋯⋯⋯⋯⋯⋯⋯

이렇게 보관하세요!

오렌지와 자몽은 겉껍질만 벗겨
흰 부분이 있는 채로 담아두면
물이 생기지 않아요.

발사믹드레싱을 만들고,

비타민은 밑동을 자른 뒤 잎을
하나씩 떼고,

자몽은 껍질을 벗긴 뒤 과육만
발라내고,

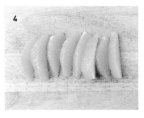

같은 방법으로 오렌지도 과육만
발라내고,

밀폐용기에 오렌지 → 자몽 →
비타민 → 아몬드 슬라이스 순으로
담아 마무리.

상큼한
과일 영양 보충제

모둠과일
샐러드

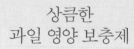

fruits salad

산뜻하고 가벼운 모둠과일샐러드!
평범한 과일에 어린잎채소를 곁들여
밀폐용기 샐러드로 만들었더니
훌륭한 디저트로 변신했네요.

 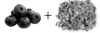

1통 필수 재료 | 방울토마토(3개), 통조림 황도(1조각=⅓캔),
         블루베리(½컵), 어린잎채소(1줌)

5통 필수 재료 | 방울토마토(15개), 통조림 황도(5조각=1¼캔),
         블루베리(2½컵), 어린잎채소(5줌)

소요 시간 | 15~20분 칼로리 | 259kcal

발사믹드레싱

1통
발사믹식초(1)+
다진 양파(0.5)+꿀(0.7)+
올리브유(2)

5통
발사믹식초(5)+
다진 양파(3)+꿀(2.7)+
올리브유(⅔컵)

....

또 어울리는 드레싱

키위드레싱, 요거트드레싱

....

이렇게 보관하세요!

황도 통조림 대신 물기가 적은
천도복숭아를 사용해도 돼요.

1

발사믹드레싱을 만들고,

2

방울토마토는 4등분하고,
황도는 방울토마토와
비슷한 크기로 깍둑 썰고,

3

어린잎채소는 깨끗이 헹군 뒤
체에 받쳐 물기를 빼고,

4

블루베리는 깨끗이 헹군 뒤
체에 받쳐 물기를 빼고,

5

밀폐용기에 황도 → 방울토마토 →
블루베리 → 어린잎채소 순으로
담아 마무리.

슈퍼푸드로 차린 한 끼
브로콜리연근 🌱 샐러드 🌱

broccoli & lotus salad

씹는 맛이 경쾌한 연근과 브로콜리를 함께 곁들이면
보다 재밌는 식감을 즐길 수 있어요.
여기에 잣드레싱의 고소함이 더해지니
완벽한 밸런스가 돋보여요.

1통 필수 재료 | 브로콜리($\frac{1}{4}$개), 연근($\frac{1}{3}$개=8cm), 사과($\frac{1}{2}$개)
　　선택 재료 | 베이컨(2줄)　양념 | 소금(0.2)
5통 필수 재료 | 브로콜리($1\frac{1}{4}$개), 연근($1\frac{1}{3}$개=36cm), 사과($2\frac{1}{2}$개)
　　선택 재료 | 베이컨(10줄)　양념 | 소금(0.3)

소요 시간 | 15~20분　칼로리 | 463kcal

잣드레싱

1통
잣(3)+호두(2)+설탕(0.3)+
간장(0.3)+허니머스터드(0.5)+
포도씨유($\frac{1}{4}$컵)

5통
잣(10)+호두(12)+설탕(1.2) +
간장(1.2)+허니머스터드(2.5)+
포도씨유($1\frac{1}{4}$컵)

또 어울리는 드레싱
유자청드레싱,
명란젓마요네즈드레싱

이렇게 보관하세요!
브로콜리는 물기가 빨리 빠지지
않으므로 마른 행주나
키친타월에 싸서 꼭꼭 눌러
물기를 제거해요.

1

드레싱 재료를 믹서에 곱게 갈아
잣드레싱을 만들고,

3

연근은 껍질을 벗긴 뒤 브로콜리와
비슷한 크기로 썰고, 사과는 껍질째
납작 썰고,

5

마른 팬에 베이컨을 바삭하게 구워
키친타월에 올려 기름기를 뺀 뒤
굵게 채 썰고,

2

브로콜리는 사방 2cm의 크기로
썰고,

4

끓는 소금물(물3컵+소금0.3)에
연근을 넣어 2분 정도 데쳐 건지고,
같은 물에 브로콜리를 넣어 30초 내로
데치고,
···› 연근을 데치면 갈변도 막고 아작한 식감을
　　유지할 수 있어요.

6

밀폐용기에 연근 → 사과 →
브로콜리 → 베이컨 순으로 담아
마무리.

샐러드계의
대부

시저
샐러드

caesar salad

아침에 부담 없이 먹기 좋으면서도
뱃속은 든든한 시저샐러드예요.
바삭바삭하게 구운 베이컨이 짭조름한 맛과
깊은 풍미를 내 약간만 넣어도
샐러드의 맛을 확 변화시킨답니다.

 1통 **필수 재료** | 두부($\frac{1}{2}$모=100g), 양상추(1줌), 베이컨(2줄)
5통 **필수 재료** | 두부($2\frac{1}{2}$모=500g), 양상추(5줌=$\frac{2}{3}$통), 베이컨(10줄)

소요 시간 | 15~20분 칼로리 | 393kcal

시저드레싱

1통
마늘(1쪽)+
파르메산 치즈가루(1)+
레몬즙(0.5)+마요네즈(1.5)+
올리브유(1.5)

5통
마늘(5쪽)+
파르메산 치즈가루(5)+
레몬즙(2.5)+마요네즈(3.5)+
올리브유(7=$\frac{1}{2}$컵)

....

또 어울리는 드레싱
발사믹드레싱,
사우전드아일랜드드레싱

....

이렇게 보관하세요!
구운 두부와 베이컨은 기름기를
충분히 빼야 보관하는 동안
기름 냄새가 배지 않아요.

더 산뜻하게 먹으려면 두부를
데쳐서 넣어요.

1

마늘은 다진 뒤 나머지 재료와 함께
거품기로 고루 섞어 **시저드레싱**을
만들고,

2

두부는 2×2×1cm 크기로 썰고,

3

양상추는 손으로 한입 크기로 찢고,

4

중간 불로 달군 팬에 식용유(3)를
두른 뒤 두부를 바삭하게 굽고,

5

같은 팬에 베이컨을 바삭하게 구워
키친타월에 올려 기름기를 뺀 뒤
굵게 채 썰고,

6

밀폐용기에 두부 → 베이컨 →
양상추 순으로 담아 마무리.

한 번 구워
달달함 추가!

구운 파프리카
샐러드

roasted paprika salad

평범한 파프리카를 색다르게 즐기는 방법은 바로, 직화!
파프리카의 표면이 까맣게 그을리도록
가스레인지에서 구워 껍질을 벗기면 특유의
향과 단맛이 훨씬 살아나요.

 1통 필수 재료 | 샐러드채소(1줌), 블랙올리브(2개),
빨강 파프리카($\frac{1}{2}$개), 노랑 파프리카($\frac{1}{2}$개)

5통 필수 재료 | 샐러드채소(5줌), 블랙올리브(10개=1$\frac{1}{3}$컵),
빨강 파프리카(2$\frac{1}{2}$개), 노랑 파프리카(2$\frac{1}{2}$개)

소요 시간 | 15~20분 칼로리 | 262kcal

발사믹드레싱

1통
발사믹식초(1)+
다진 양파(0.5)+꿀(0.7)+
올리브유(2)

5통
발사믹식초(5)+
다진 양파(2.5)+꿀(2.5)+
올리브유(10=$\frac{2}{3}$컵)

....

또 어울리는 드레싱

오리엔탈드레싱, 칠리토마토드레싱

....

이렇게 보관하세요!

껍질을 벗긴 파프리카는
올리브유에 담가두면 오래
보관할 수 있어요. 올리브유에
재워두었다가 그때그때 건져서
다른 샐러드에도 사용해보세요.

1

발사믹드레싱을 만들고,

2

샐러드채소는 깨끗이 헹군 뒤
체에 밭쳐 물기를 빼고,

3

블랙올리브는 동그란 모양을 살려
송송 썰고,

4

파프리카는 가스레인지에서
검게 그을릴 때까지 직화로 굽고,

5

비닐팩에 넣어 10분 이상 두었다가
껍질을 벗긴 뒤 두껍게 채 썰고,

···› 비닐팩에 담아 두었다가 꺼내면
껍질이 쉽게 벗겨져요.

6

밀폐용기에 파프리카 →
블랙올리브 → 샐러드채소 순으로
담아 마무리.

수분을 촉촉히
머금은
구운가지
샐러드

구운가지샐러드는 냉장 보관하여 차갑게 먹어도 맛있지만,
바로 만들어 따뜻하게 즐겨도 별미예요.
토마토 대신 방울토마토 꼭지만 떼어
통째로 담으면 더 오래 보관할 수 있어요.

roasted eggplant salad

1통 필수 재료 | **가지(1개), 잣(2)**
　　선택 재료 | 토마토(½개)　양념 | 소금(0.3), 파르메산 치즈가루(⅓컵)
5통 필수 재료 | **가지(5개), 잣(10=⅓컵)**
　　선택 재료 | 토마토(2½개)　양념 | 소금(1), 파르메산 치즈가루(1컵)

소요 시간 | 15~20분　칼로리 | 347kcal

고추간장드레싱

1통
설탕(0.5)+간장(2)+식초(0.7) +
다진 홍고추(1)+참기름(0.5)

5통
설탕(1.2)+간장(10=½컵)+식초(2)+
다진 홍고추(5)+참기름(2.5)

....

또 어울리는 드레싱

프렌치드레싱, 오리엔탈드레싱

....

이렇게 보관하세요!

가지는 기름을 쉽게 흡수해서
구울 때는 마른 팬이나 오븐에
구워도 돼요.

토마토를 썰어 넣는 대신
방울토마토를 꼭지만 떼어
통째로 담아도 돼요.

1

설탕(0.5), 간장(2), 식초(0.7)를
섞은 뒤 다진 홍고추(1)와
참기름(0.5)을 넣어
고추간장드레싱을 만들고,

2

가지는 어슷 썰고,

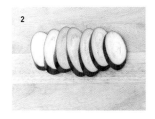

3

토마토는 웨지 모양으로 썰고,

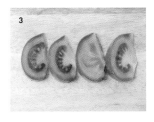

4

중간 불로 달군 팬에 올리브유(3)를
둘러 가지와 잣을 굽다가 소금(0.3)
을 뿌려 간하고,

5

중간 불로 달군 팬에 올리브유(2)를
둘러 토마토를 굽고,

6

밀폐용기에 토마토 → 가지 → 잣 →
파르메산 치즈가루 순으로 담아
마무리.

Hola~
멕시코 향기 물씬

멕시칸
샐러드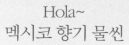

마트에서 쉽게 구할 수 있는
통조림 강낭콩을 사용해 간편하게 만들 수 있어요.
칠리토마토드레싱의 촉촉함을 더해
풍미를 배가시켰답니다.

1통　필수 재료 | 통조림 강낭콩(⅔컵), 셀러리(⅓대=15cm), 양상추(2장)
　　　선택 재료 | 통조림 옥수수(3)
5통　필수 재료 | 통조림 강낭콩(3½컵), 셀러리(1½대=75cm), 양상추(10장)
　　　선택 재료 | 통조림 옥수수(15=⅔컵)

소요 시간 | 15~20분　칼로리 | 316kcal

칠리토마토드레싱

1통
레몬즙(0.5)+
다진 토마토(1)+다진 양파(0.5)+
다진 할라피뇨(0.3)+
올리브유(2.5)+소금(약간)

5통
레몬즙(2.5)+
다진 토마토(5)+다진 양파(2.5)+
다진 할라피뇨(1)+
올리브유(9.5=⅔컵)+소금(약간)

또 어울리는 드레싱
요거트드레싱,
사우전드아일랜드드레싱

이렇게 보관하세요!
통조림 강낭콩은 되직한
소스를 충분히 빼지 않으면
금방 상해요. 흐르는 물에
가볍게 헹궈도 좋아요.

1

칠리토마토드레싱을 만들고,

┈→ 토마토는 껍질에 십자(+)모양으로
칼집을 넣어 끓는 물에 데친 뒤
찬물에 식혀 껍질을 벗겨 잘게 다져
사용하세요.

2

통조림 강낭콩은 체에 밭쳐 물기를
충분히 빼고,

3

통조림 옥수수는 체에 밭쳐
물기를 충분히 빼고,

4

셀러리는 감자칼로 껍질을 벗긴 뒤,
강낭콩과 비슷한 크기로 썰고,

5

양상추는 한입 크기로 찢고,

6

밀폐용기에 강낭콩 → 옥수수 →
셀러리 → 양상추 순으로 담아
마무리.

훈제 풍미를
입힌
훈제닭가슴살
샐러드

smoked chicken breast salad

마늘을 삶아서 구우면 알싸한 맛이 빠져요.
먹기 전에 파프리카와 어린잎채소를 걷어낸 뒤
전자레인지에 따뜻하게 데워서 드세요.

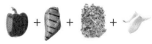

1통　필수 재료 | **파프리카($\frac{1}{3}$개)**, 훈제닭가슴살(1쪽), 어린잎채소(1줌), 마늘(5쪽)
　　　양념 | 소금(0.1)

5통　필수 재료 | **파프리카(1$\frac{2}{3}$개)**, 훈제닭가슴살(5쪽), 어린잎채소(5줌), 마늘(25쪽=1컵)
　　　양념 | 소금(0.5)

소요 시간 | 15~20분　칼로리 | 425kcal

시저드레싱

1통
마늘(1쪽)+
파르메산 치즈가루(1)+
레몬즙(0.5)+마요네즈(1.5)+
올리브유(1.5)

5통
마늘(5쪽)+
파르메산 치즈가루(5)+
레몬즙(2.5)+마요네즈(7.5)+
올리브유(7.5=$\frac{1}{2}$컵)

．．．．．．．．．．．．．．．．．．．．．．．．．．．．．．

또 어울리는 드레싱

발사믹드레싱, 오리엔탈드레싱

．．．．．．．．．．．．．．．．．．．．．．．．．．．．．．

이렇게 보관하세요!

훈제닭가슴살은 따뜻하게
데워 먹는 게 좋아요.

통조림 닭가슴살이나
삶은 닭고기를 대신 넣어도 돼요.

마늘을 다진 뒤 나머지 재료를 넣고
거품기로 고루 섞어 **시저드레싱**을
만들고,

파프리카는 채 썰고,
훈제닭가슴살은 저며 납작 썰고,

어린잎채소는 깨끗이 헹군 뒤
체에 밭쳐 물기를 빼고,

끓는 소금물(물3컵+소금0.2)에
마늘을 넣어 3분간 삶고,

···➔ 마늘이 부드러워질 때까지 익혀주세요.

중간 불로 달군 팬에 식용유(2)를
두른 뒤 삶은 마늘을 노릇하게 굽고,

밀폐용기에 마늘 → 훈제닭가슴살 →
파프리카 → 어린잎채소 순으로
담아 마무리.

부드러운
꿀조합

메추리알
샐러드 ❦

quail egg salad

삶은 메추리알과 아보카도는 드레싱에 버무릴 때
꼭 포크로 으깨주듯 섞어주세요.
그래야 재료가 골고루 섞여 가장 맛있답니다.

1통 **필수 재료** | 삶은 메추리알(1½컵), 아보카도(½개), 어린잎채소(1줌)
5통 **필수 재료** | 삶은 메추리알(7½컵), 아보카도(2½개), 어린잎채소(5줌)

사우전드아일랜드드레싱

1통
다진 피클(0.5)+두 가지 색
다진 피망(1)+피클물(0.7)+
마요네즈(2)+케첩(1)+
소금(약간)+후춧가루(약간)

5통
다진 피클(2.5)+두 가지 색
다진 피망(5)+피클물(2)+
마요네즈(10=⅔컵)+케첩(5)+
소금(0.3)+후춧가루(약간)

....

또 어울리는 드레싱

크림치즈드레싱, 머스터드드레싱

....

이렇게 보관하세요!

으깨지 않고 담을 때는
아보카도 → 메추리알 →
어린잎채소 순으로 담아요.
메추리알은 썰지 않는 게
좋아요.

1

다진 피망과 피클은 면포에 감싸
물기를 뺀 뒤 나머지 재료와 섞어
사우전드아일랜드드레싱을 만들고,

2

삶은 메추리알은 2등분하고,

3

아보카도는 메추리알과 비슷한
크기로 깍둑 썰고,

4

어린잎채소는 깨끗이 헹군 뒤 체에
받쳐 물기를 빼고,

5

삶은 메추리알과 아보카드는 볼에
담아 으깨고,

6

밀폐용기에 으깬 샐러드를
담은 뒤 어린잎채소를 올려 마무리.

┈→ 식빵이나 바게트에 올려 먹어도 좋아요.

샐러드의
품격을 높이는
아스파라거스
샐러드 ❧

asparagus salad

중세 프랑스 왕실에서 즐겨 먹어
'채소의 귀족'이라는 별명이 붙은 아스파라거스!
데치거나 볶지 말고 생으로 즐겨보세요.
어린잎채소는 금방 시들기 때문에
더 오래 보관하고 싶다면 샐러드채소를 추천해요.

1통　필수 재료 | **어린잎채소(1줌), 아스파라거스(3대), 단감(½개)**
　　양념 | 소금(0.2)
5통　필수 재료 | **어린잎채소(5줌), 아스파라거스(15대), 단감(2½개)**
　　양념 | 소금(0.6)

소요 시간 | 15~20분　칼로리 | 225kcal

요거트드레싱

1통
설탕(0.5)+레몬즙(1) +
플레인 요거트(½ 팩=40g)+
마요네즈(1)

5통
설탕(2.5)+레몬즙(5)+
플레인 요거트(2½ 팩=200g)+
마요네즈(5)

....

또 어울리는 드레싱

프렌치드레싱, 유자청드레싱

....

이렇게 보관하세요!
데친 아스파라거스는
키친타월로 물기를 닦아야
금방 무르지 않아요.

요거트드레싱을 만들고,

어린잎채소는 깨끗이 헹군 뒤
체에 밭쳐 물기를 빼고,

아스파라거스는 감자칼로
얇게 깎고,

단감은 껍질을 벗겨 웨지 모양으로
썰고,

끓는 소금물(물3컵+소금0.2)에 넣어
아스파라거스를 살짝 데쳐 건지고,

밀폐용기에 단감 → 아스파라거스 →
어린잎채소 순으로 담아 마무리.

저칼로리
누들 샐러드
실곤약
샐러드

devil's-tongue jelly noodle salad

칼로리는 덜고 풍부한 식감으로
먹는 즐거움을 채웠답니다.
우리 입맛에 딱 맞는 짭조름하면서도
고소한 오리엔탈드레싱이 참 잘 어울려요.

1통　필수 재료 | 파프리카($\frac{1}{2}$개), 오이($\frac{1}{3}$개), 삶은 달걀(1개), 실곤약($\frac{1}{2}$봉=100g)
　　　선택 재료 | 적양배추(2장)　양념 | 식초(1)

5통　필수 재료 | 파프리카($2\frac{1}{2}$개), 오이($2\frac{1}{3}$개), 삶은 달걀(5개), 실곤약($2\frac{1}{2}$봉=500g)
　　　선택 재료 | 적양배추(7장)　양념 | 식초(3)

소요 시간 | 15~20분　칼로리 | 248kcal

오리엔탈드레싱

1통
설탕(0.5)+간장(1)+레몬즙(0.5) +
올리브유(2)+후춧가루(약간)+
참깨(0.1)

5통
설탕(2.5)+간장(5)+레몬즙(2.5)+
올리브유(10=$\frac{2}{3}$컵)+후춧가루(약간)+
참깨(0.5)

....

또 어울리는 드레싱

고추간장드레싱

....

이렇게 보관하세요!

밀폐용기를 다른 채소로
가득 채웠다가 먹기 전에
실곤약을 곁들이면
더 오래 보관할 수 있어요.

달걀은 완숙으로 삶아야
금방 상하지 않아요.

1

설탕(0.5)에 간장(1), 레몬즙(0.5)을
넣어 설탕이 녹을 때까지 잘 저은 뒤
나머지 드레싱 재료를 넣고
오리엔탈드레싱을 만들고,

2

파프리카, 적양배추, 오이는
5cm 길이로 채 썰고,

····› 적양배추는 다른 채소에 물이 들지
　　 않도록 흐르는 물에 헹궈서 사용해요.

3

삶은 달걀은 4등분하고,

4

끓는 식촛물(물2컵+식초1)에
실곤약을 넣어 30초간 데치고,

····› 식촛물에 데치면 실곤약 특유의
　　 냄새가 없어져요.

5

실곤약은 건져 찬물에 헹군 뒤
체에 밭쳐 물기를 빼고,

6

밀폐용기에 파프리카 → 적양배추 →
오이 → 실곤약 → 달걀 순으로
담아 마무리.

쫀득쫀득
Okcal 젤리
곤약
샐러드

쫄깃쫄깃한 곤약은 최고의 다이어트 식재료로 꼽히죠.
다소 밋밋한 맛이 지겨울 땐 이렇게 샐러드로 만들어
드레싱을 곁들이는 것도 좋아요. 하루 한 끼 식사 대용으로 먹으면
살이 쭉쭉 빠질 거예요.

devil's-tongue jelly salad

1통 필수 재료 | 곤약(⅓모=80g), 청경채(2포기), 숙주(1줌)
　　　양념 | 소금(0.1)

5통 필수 재료 | 곤약(1⅔모=400g), 청경채(10포기), 숙주(5줌)
　　　양념 | 소금(0.4)

소요 시간 | 15~20분　칼로리 | 136kcal

고추간장드레싱

1통
설탕(0.5)+간장(2)+식초(0.7)+
다진 홍고추(1)+참기름(0.5)

5통
설탕(1.3)+간장(7)+식초(4)+
다진 홍고추(5)+참기름(1.5)

....

또 어울리는 드레싱

오리엔탈드레싱, 발사믹드레싱

....

이렇게 보관하세요!

보관하는 동안 숙주에서
물기가 생길 수 있으므로,
드레싱을 뿌리기 전에
물기를 한 번 따라내세요.

1

설탕(0.5), 간장(2), 식초(0.7)를
섞은 뒤 다진 홍고추(1)와
참기름(0.5)을 넣어
고추간장드레싱을 만들고,

2

곤약은 3×2cm 크기로 납작 썰고,

⋯→ 곤약 대신 도토리묵을 사용해도 돼요.

3

청경채는 낱장으로 뜯은 뒤
한입 크기로 썰고,

⋯→ 두꺼운 줄기 부분은 어슷하게 썰어요.

4

숙주는 지저분한 부분을 다듬어
끓는 소금물(물5컵+소금0.2)에
살짝 데쳐 건지고,

⋯→ 숙주는 손으로 짜서 물기를 뺀 뒤
　　사용하세요.

5

같은 물에 곤약을 넣어 1분간 데쳐
건지고,

6

밀폐용기에 숙주 → 곤약 →
청경채 순으로 담아 마무리.

포슬포슬 햇감자를
더해요

감자채
샐러드

shredded potato salad

감자와 사과의 콜라보레이션이 돋보이는 감자채샐러드랍니다.
비슷한 길이로 채 썰어 빈 공간을 줄여 담는 게 보관의 포인트예요.
두유참깨드레싱을 듬뿍 뿌려 고소함을 더해주세요.

1통 필수 재료 | 감자(1개), 사과($\frac{1}{3}$개)
    양념 | 소금(0.2)
5통 필수 재료 | 감자(5개), 사과(1$\frac{3}{5}$개)
    양념 | 소금(0.5)

소요 시간 | 15~20분 칼로리 | 298kcal

두유참깨드레싱

1통
두부(100g)+소금(0.1)+
두유($\frac{1}{4}$컵)+올리고당(1.5)+
참깨(2)

5통
두부(480g)+소금(0.5)+
두유(1$\frac{1}{4}$컵)+올리고당(2.5)+
참깨(10)

···

또 어울리는 드레싱

사우전드아일랜드드레싱,
오리엔탈드레싱

···

이렇게 보관하세요!

감자를 살짝 덜 익혀야
식감도 살고, 보관하는 동안
물기도 생기지 않아요.

1

드레싱 재료를 믹서에 넣고 곱게
갈아 **두유참깨드레싱**을 만들고,

2

감자는 껍질을 벗겨 채 썰고,
사과는 껍질째 채 썰고,

3

끓는 소금물(물4컵+소금0.3)에
감자를 넣어 1분 이내로 데치고,

4

데친 감자채는 찬물에 헹군 뒤
체에 밭쳐 물기를 빼고,

···› 오래 익히면 부드러워져 쉽게 부서지니
    살짝 아삭한 식감이 들도록 데쳐요.

5

밀폐용기에 사과 → 감자 순으로
담아 마무리.

치즈와 견과류의
꿀케미

견과류치즈
샐러드

nuts&cheese salad

고소하면서도 촉촉한 카망베르치즈를 넣어
와인 안주로 제격이에요.
은은한 치즈의 향이 물씬 나는
고급스러운 샐러드랍니다.

1통	필수 재료 │ 견과류($\frac{1}{2}$컵), 카망베르치즈($\frac{1}{3}$개), 어린잎채소(1줌)
	양념 │ 설탕(2), 버터(1), 계핏가루(적당량)
5통	필수 재료 │ 견과류($2\frac{1}{2}$컵), 카망베르치즈($1\frac{2}{3}$개), 어린잎채소(5줌)
	양념 │ 설탕(10), 버터(5), 계핏가루(적당량)

⋯⟶ 이 레시피에서는 아몬드, 호두, 캐슈넛을 사용했어요.

소요 시간 │ 15~20분   칼로리 │ 549kcal

키위드레싱

1통
키위(1개)+설탕(0.5)+
소금(약간)+레몬즙(0.5)+
올리브유(2)

5통
키위(5개)+설탕(2.5)+
소금(약간)+레몬즙(2.5)+
올리브유(8)

또 어울리는 드레싱
요거트드레싱, 크림치즈드레싱

이렇게 보관하세요!
종이포일을 깔고 견과류를 얹으면
식감이 유지돼요.

1

키위는 강판에 갈아 설탕(0.5), 소금,
레몬즙(0.5)을 섞은 뒤 올리브유(2)를
조금씩 넣으며 되직해질 때까지
저어 **키위드레싱**을 만들고,

2

마른 팬에 견과류를 넣어 중간 불로
볶다가 설탕(2), 버터(1), 계핏가루를
넣어 섞고,

⋯⟶ 자주 섞지 말고 타지 않게 가끔씩
저어주세요.

3

버터와 설탕이 녹아 견과류에
코팅되면 겹치지 않도록 펼쳐 식히고,

4

카망베르치즈는 반으로 잘라
납작 썰고,

5

어린잎채소는 깨끗이 헹군 뒤
체에 밭쳐 물기를 빼고,

6

밀폐용기에 카망베르치즈 →
어린잎채소 → 견과류 순으로
담아 마무리.

part 5

재료준비 + 평균 시간 20분

초간단 샐러드

값은 비싸고 내용물은 부실한 시판 샐러드!
더 이상 사 먹지 말고 나만의 D.I.Y.
샐러드를 만들어보세요.
퇴근 길 마트에 들러
취향대로 재료만 골라 손질하면 끝!
밀폐용기에 차곡차곡 담아 두면
일주일 점심 걱정은 문제없어요.

더위를 날리는 시원한 맛

알배추 샐러드 ⤵ ❀

napa cabbage salad

알배추를 샐러드로 먹으면
배추가 가진 수분을 그대로 섭취할 수 있어
씹을수록 고소하고 특유의 단맛도 느낄 수 있어요.

1통 필수 재료 | 알배추(2장), 당근(⅓개), 통조림 닭가슴살(1캔=150g)
　　 선택 재료 | 적양배추(1장)

5통 필수 재료 | 알배추(10장), 당근(3개), 통조림 닭가슴살(5캔=750g)
　　 선택 재료 | 적양배추(5장)

소요 시간 | 20분　칼로리 | 298kcal

오리엔탈드레싱

1통
설탕(0.5)+간장(1)+레몬즙(0.5) +
올리브유(2)+후춧가루(약간)+
참깨(0.1)

5통
설탕(2.5)+간장(5)+레몬즙(2.5)+
올리브유(10)+후춧가루(약간)+
참깨(1)

또 어울리는 드레싱

시저드레싱, 블루치즈드레싱

이렇게 보관하세요!

5일간 보관할 때는 다른 채소만
가득 채웠다가 먹기 전에
닭가슴살을 곁들여요.

당근과 적양배추는 식감이
단단해 알배추보다 얇게 썰어야
먹기 편해요. 곱게 채 썰면 통에
담았을 때 빈 공간이 줄어
보관하는 동안에도 수분이
빨리 마르지 않아요.

설탕(0.5)에 간장(1), 레몬즙(0.5)을
넣어 설탕이 녹을 때까지 잘 저은 뒤
나머지 드레싱 재료를 넣고 섞어
오리엔탈드레싱을 만들고,

알배추는 결대로 도톰하게 채 썰고,

당근과 적양배추는 얇게 채 썰고,

… 적양배추를 넣지 않을 때는
　알배기 배추의 양을 늘려 주세요.

통조림 닭가슴살은 체에 받쳐
물기를 빼고,

밀폐용기에 적양배추 → 당근 →
알배추 → 닭가슴살을 담아 마무리.

고소함이 톡톡

모둠콩 샐러드

bean salad

고단백 건강 식품, 콩의 고소함을 느낄 수 있는 샐러드예요.
의외로 깔끔한 맛의 요거트드레싱과 잘 어울린답니다.
가족 수대로 만들어 보관했다가 간편하게 꺼내 먹어요.

1통 필수 재료 | **모둠콩(1½컵), 두 가지 색 파프리카(각 ½개씩)**
　　양념 | 소금(0.3)

5통 필수 재료 | **모둠콩(7½컵), 두 가지 색 파프리카(각 2½개씩)**
　　양념 | 소금(0.3)

소요 시간 | 20분　칼로리 | 326kcal

요거트드레싱

1통
설탕(0.5)+레몬즙(1) +
플레인 요거트(½ 팩=40g)+
마요네즈(1)

5통
설탕(2.5)+레몬즙(5)+
플레인 요거트(2½ 팩=200g)+
마요네즈(3)

- -

또 어울리는 드레싱

두부머스터드드레싱, 크림치즈드레싱

- -

이렇게 보관하세요!

콩이 덜 삶아지면 냉장실에
넣었다 꺼냈을 때 식감이
딱딱해져요.

오이나 양파를 더해도 좋아요.

1

요거트드레싱을 만들고,

2

끓는 소금물(물3컵+소금0.3)에 모둠
콩을 넣어 부드러워질 때까지 중간
불에서 삶고,

…· 콩 종류에 따라 삶는 시간이 다를 경우
　　따로 삶아요.

3

파프리카는 콩과 비슷한 크기로
깍둑 썰고,

4

밀폐용기에 콩 → 파프리카 순으로
담아 마무리.

와인과의
궁합이 찰떡

냉파스타
샐러드 🌿

cold pasta salad

파스타의 한 종류인 '펜네'는 가운데 구멍이 있어
양념이 쏙쏙 잘도 밴답니다.
올리브유에 버무려 냉장 보관하면 딱딱해지거나
뭉치는 일 없이 이틀 정도는 문제없어요.

1통   필수 재료 | 바질(5장), 방울토마토(5개), 청오이($\frac{1}{3}$개), 펜네(1$\frac{1}{2}$컵)
    선택 재료 | 보코치니 모차렐라치즈($\frac{1}{2}$컵)
    양념 | 소금(0.5), 올리브유(2), 파르메산 치즈가루(적당량)

5통   필수 재료 | 바질(16장), 방울토마토(25개), 청오이(1$\frac{1}{2}$개), 펜네(6.5컵)
    선택 재료 | 보코치니 모차렐라치즈(2$\frac{1}{2}$컵)
    양념 | 소금(1), 올리브유(6), 파르메산 치즈가루(적당량)

소요 시간 | 20분   칼로리 | 578kcal

프렌치드레싱

1통
설탕(0.3)+소금(0.1)+
허브가루(0.1)+레몬즙(1.5)+
후춧가루(약간)+올리브유(2)

5통
설탕(1)+소금(0.5)+
허브가루(0.5)+레몬즙(6.5)+
후춧가루(약간)+올리브유(10=$\frac{8}{9}$컵)

또 어울리는 드레싱

발사믹 드레싱,
사우전드아일랜드 드레싱

이렇게 보관하세요!

오이는 반 갈라 속씨를 제거해야
물이 생기지 않아요.

펜네는 먹기 전 전자레인지에
살짝 데워 드세요.

1

프렌치드레싱을 만들고,

··· 올리브유는 마지막에 천천히 넣으면서
섞어야 분리가 되지 않아요.

2

바질은 돌돌 말아 채 썰고,
방울토마토는 2등분하고,

··· 바질 대신 허브가루를 넣어도 좋아요.

3
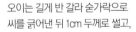

오이는 길게 반 갈라 숟가락으로
씨를 긁어낸 뒤 1cm 두께로 썰고,

4

보코치니 모차렐라치즈는
체에 밭쳐 물기를 빼고,

5

끓는 소금물(물5컵+소금0.7)에
펜네를 넣어 6분 정도 삶아 체에
밭쳐 물기를 뺀 뒤 올리브유(4)에
버무리고,

6

밀폐용기에 펜네 → 방울토마토 →
보코치니 모차렐라치즈 → 오이 →
바질 → 파르메산 치즈가루
순으로 담아 마무리.

노오란 속살에 숨겨진
은은한 단맛

단호박곶감
샐러드

sweet pumpkin&dried persimmon salad

건강도 챙기고 싶고, 달콤함도 느끼고 싶다면
단호박만한 재료가 없겠죠. 단호박은 으깨서 담더라도
충분히 식혀 수분을 날려야 보관할 때 무르지 않아요.
달달한 게 생각날 때 꼭 한번 만들어보세요.

1통 　필수 재료 | 곶감(1개), 단호박($\frac{1}{3}$개), 호두($\frac{1}{2}$컵)
　　 양념 | 꿀(1), 설탕(4), 계핏가루(약간)

5통 　필수 재료 | 곶감(5개), 단호박(1$\frac{2}{3}$개), 호두(2$\frac{1}{2}$컵)
　　 양념 | 꿀(5), 설탕($\frac{2}{3}$컵), 계핏가루(약간)

소요 시간 | 20분　칼로리 | 539kcal

두유참깨드레싱

1통
두부(100g)+소금(0.1)+
두유($\frac{1}{4}$컵)+올리고당(1.5)+
참깨(2)

5통
두부(500g)+소금(0.2)+
두유(1$\frac{1}{4}$컵)+올리고당(3)+
참깨(10)

또 어울리는 드레싱
요거트드레싱, 크림치즈드레싱

1

드레싱 재료를 믹서에 넣고 곱게
갈아 **두유참깨드레싱**을 만들고,

2

곶감은 반 갈라 씨를 뺀 뒤
사방 1cm 크기로 깍둑 썰고,

3

단호박은 반을 갈라 속을 파낸 뒤
찜기에 쪄서 굵게 으깨 곶감과 꿀(1),
두유참깨드레싱을 넣어 섞고,

···→ 단호박은 껍질째 사용해요.

···→ 익힌 단호박은 충분히 식혀 수분을 날려야
　　 보관할 때 무르지 않아요.

4

팬에 설탕(4), 계핏가루, 물(4)을 넣어
중간 불에서 끓이고,

5

끓어오르면 호두를 넣어 센 불에서
수분을 날리면서 볶아 호두캔디를
만들고,

···→ 호두를 마른 팬에 노릇하게 볶아서
　　 사용하면 더 바삭하고 시럽도 잘 묻어요.

···→ 호두캔디는 겹치지 않도록 펼쳐서 식혀야
　　 뭉치지 않아요.

6

밀폐용기에 샐러드를 담은 뒤
호두캔디를 얹어 마무리.

봄이 가벼워지는 한 끼 식사
모둠채 샐러드

맛과 영양의 밸런스가 잘 맞아, 모둠채샐러드는
점심 도시락으로 들고 다니기 안성맞춤이랍니다.
닭안심을 삶는 것이 번거롭다면
시판 닭가슴살 통조림을 사용해요.

green salad

1통 필수 재료 | 치커리(½줌), 사과(⅓개), 닭안심(3쪽=100g)
       닭 삶는 재료 | 월계수잎(1장), 통후추(3알)

5통 필수 재료 | 치커리(4줌), 사과(2개), 닭안심(15쪽=500g)
       닭 삶는 재료 | 월계수잎(2장), 통후추(0.5)

소요 시간 | 20~25분 칼로리 | 293kcal

키위드레싱

1통
키위(1개)+설탕(0.5)+
소금(약간)+레몬즙(0.5)+
올리브유(2)

5통
키위(5개)+설탕(1.5)+
소금(약간)+레몬즙(2.5)+
올리브유(8)

또 어울리는 드레싱

유자청드레싱

이렇게 보관하세요!

오래 보관할 때는 먹기전에
닭안심만 따로 준비하거나
통조림 제품을 사용해요.

1

키위는 강판에 갈아 설탕(0.5), 소금,
레몬즙(0.5)을 섞은 뒤 올리브유(2)를
조금씩 넣으며 되직해질 때까지
섞어 **키위드레싱**을 만들고,

3

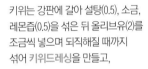

사과는 껍질째 채 썰고,

5

닭안심이 익으면 건져서 식힌 뒤
결대로 찢고,

2

치커리는 먹기 좋은 크기로 썰고,

4

끓는 물(4컵)에 닭안심과
닭 삶는 재료를 넣어 닭안심의 겉이
하얘지고 단단해질 때까지 삶고,

6

밀폐용기에 닭안심 → 사과 →
치커리 순으로 담아 마무리.

오도독~ 아삭하게
즐기는
껍질콩
샐러드

green bean salad

기본 샐러드 재료에 프랑크소시지만 더했는데
모양도 화려하고 양도 푸짐해졌죠. 소시지의 짭짤한 맛이
의외로 채소와도 잘 어울린답니다. 조금 더 담백하게
즐기고 싶다면 프랑크소시지를 굽는 대신 데쳐서 넣어요.

1통 필수 재료 | 껍질콩(1줌), 감자($\frac{1}{2}$개), 프랑크소시지(1개), 양상추(1줌)
　　양념 | 소금(0.2), 후춧가루(약간)
5통 필수 재료 | 껍질콩(5줌), 감자($2\frac{1}{2}$개), 프랑크소시시(5개), 양상주(5줌)
　　양념 | 소금(0.5), 후춧가루(약간)

소요 시간 | 20~25분　칼로리 | 323kcal

땅콩버터드레싱

1통
땅콩버터(1.5)+우유(3)+
레몬즙(0.3)+꿀(0.7)

5통
땅콩버터(7.5)+우유(15)+
레몬즙(1)+꿀(1.5)

또 어울리는 드레싱

크림치즈드레싱

이렇게 보관하세요!
먹을 때는 양상추만 걷어내고
전자레인지에 따뜻하게 데워도
좋아요.

1

땅콩버터드레싱을 만들고,

2

껍질콩은 반으로 어슷 썰고, 감자는
깨끗이 씻어 껍질째 4~6등분하고,
양상추는 한입 크기로 뜯고,

3

프랑크소시지는 잔칼집을 낸 뒤
동그란 모양을 살려 도톰하게 썰고,

4

끓는 소금물(물4컵+소금0.2)에 껍질
콩을 넣어 살짝 데쳐 건지고, 다시
끓어오르면 감자를 넣어 삶고,

⋯ 감자는 젓가락으로 찔렀을 때 부드럽게
　 들어가면 다 익은 거예요.

중간 불로 달군 팬에 식용유(2)를
둘러 프랑크소시지를 노릇하게
굽고,

⋯ 굽는 대신 데쳐도 돼요.

6

밀폐용기에 껍질콩 → 감자 →
프랑크소시지 → 양상추 순으로
담아 마무리.

포만감 채우는
별식 샐러드

구운채소 샐러드

roasted vegetables salad

구운 채소는 쉽게 상하지 않아
밀폐용기 샐러드 재료로 활용하기 제격이에요.
또 전혀 색다른 맛과 식감도 맛볼 수 있고요.
오븐이 없다면 찜기에 찌거나 팬에 구워도 좋아요.

1통 **필수 재료** ㅣ 감자(작은 것, 1개), 당근($\frac{1}{3}$개), 고구마(1개)
　　양념 ㅣ 허브가루(0.2), 소금(0.1), 올리브유(2)

5통 **필수 재료** ㅣ 감자(큰 것, 2$\frac{1}{2}$개 또는 작은 것, 5개), 당근(1$\frac{2}{3}$개), 고구마(5개)
　　양념 ㅣ 허브가루(1), 소금(0.5), 올리브유(7=$\frac{1}{2}$컵)

소요 시간 ㅣ 20~25분　칼로리 ㅣ 398kcal

요거트드레싱

1통
설탕(0.5)+레몬즙(1)+
플레인 요거트($\frac{1}{2}$ 팩=40g)+
마요네즈(1)

5통
설탕(2.5)+레몬즙(3.5)+
플레인 요거트(2$\frac{1}{2}$ 팩=200g)+
마요네즈(5)

또 어울리는 드레싱

블루치즈드레싱, 시저드레싱

이렇게 보관하세요!

색감이 노릇할 때까지 구워야
보관할 때 물이 생기지 않아요.

익힌 채소는 밀폐용기에 빈 공간이
있어도 쉽게 상하지 않아요.

1

요거트드레싱을 만들고,

2

감자, 당근과 고구마는 깨끗이 씻어
껍질째 동그란 모양을 살려
1cm 두께로 썰고,

3

볼에 담아 양념에 고루 버무리고,

4

유산지를 깐 오븐 팬에 겹치지 않게
올리고,

5

200℃로 예열한 오븐에 10분간
채소를 굽고,

6

구운 채소를 완전히 식힌 뒤
밀폐용기에 담아 마무리.

오동통통
쫄깃쫄깃

마카로니
샐러드

macaroni salad

마요네즈 대신 발사믹드레싱을 곁들인
마카로니샐러드예요. 냉장고에 너무 깊숙이 넣으면
마카로니가 단단해질 수 있으니
신선칸이나 앞쪽에 두고 보관해요.

1통 필수 재료 | 깻잎(2장), 토마토($\frac{1}{3}$개), 마카로니(1컵), 베이컨(2줄)
  양념 | 올리브유(2)

5통 필수 재료 | 깻잎(10장), 토마토(1$\frac{2}{3}$개), 마카로니(5컵), 베이컨(10줄)
  양념 | 올리브유(5)

소요 시간 | 20~25분   칼로리 | 583 kcal

발사믹드레싱

1통
발사믹식초(1)+
다진 양파(0.5)+꿀(0.7)+
올리브유(2)

5통
발사믹식초(5)+
다진 양파(2.5)+꿀(2.5)+
올리브유(10=$\frac{2}{3}$컵)

또 어울리는 드레싱
오리엔탈드레싱, 프렌치드레싱

이렇게 보관하세요!
마카로니는 부드러운
식감을 위해 충분히 삶아요.

베이컨에 물기가 남아 있으면
깻잎이 금방 상하니 데친 뒤
키친타월로 물기를 완전히 빼요.

1
발사믹드레싱을 만들고,

2
깻잎은 채 썰고, 토마토는 반 갈라
씨 부분을 파낸 뒤 굵게 다지고,

3
끓는 물(6컵)에 마카로니를 넣어
10분간 삶고,

4
삶은 마카로니는 체에 밭쳐 물기를
뺀 뒤 올리브유에 버무리고,

5
마카로니를 삶았던 물에 베이컨을
살짝 데쳐 굵게 다지고,

6
밀폐용기에 마카로니 → 토마토 →
베이컨 → 깻잎 순으로 담아 마무리.

재료 준비 + 평균 시간 20분 초간단 샐러드   **123**

한 입 가득
담기는 향긋함

우엉
샐러드

burdock salad

먹기 직전에 드레싱을 곁들이는 대신
재료를 볶을 때 드레싱을 넣었어요.
재료가 충분히 식은 뒤 밀폐용기에 담아야 식감을 유지할 수 있답니다.
밥반찬으로도 손색없는 활용도 만점 샐러드예요.

1통 | 필수 재료 | 우엉($\frac{1}{2}$대), 당근($\frac{1}{4}$개), 양배추(2장), 햄(1토막=70g)
　　　| 선택 재료 | 해바라기씨(1)　양념 | 식초(2)

5통 | 필수 재료 | 우엉(2$\frac{1}{2}$대), 당근(1$\frac{1}{4}$개), 양배추(5장), 햄(5토막=350g)
　　　| 선택 재료 | 해바라기씨(5)　양념 | 식초(3.5)

소요 시간 | 20~25분　칼로리 | 319kcal

오리엔탈드레싱

1통
설탕(0.5)+간장(1)+레몬즙(0.5) +
올리브유(2)+후춧가루(약간)+
참깨(0.1)

5통
설탕(2.5)+간장(5)+레몬즙(2.5)+
올리브유(7=$\frac{1}{2}$컵)+후춧가루(약간)+
참깨(0.6)

또 어울리는 드레싱

고추간장드레싱

이렇게 보관하세요!

금방 먹을 거라면 햄 대신 고기,
당근 대신 콩나물이나 숙주를
넣어도 좋아요.

이미 양념이 되어 있어
다른 밀폐용기 샐러드에 비해
빈 공간이 있어도 금방
상하지 않아요.

1

설탕(0.5)에 간장(1), 레몬즙(0.5)을
넣어 설탕이 녹을 때까지 잘 저은 뒤
나머지 드레싱 재료를 섞어
오리엔탈드레싱을 만들고,

2

우엉은 감자칼로 껍질을 벗긴 뒤
5cm 길이로 얇게 채 썰어
식촛물(물5컵+식초2)에 담가두고,
… 채칼로 썰어도 좋아요.

3
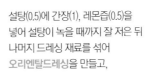

당근, 양배추, 햄도 우엉과
같은 길이로 채 썰고,

4

중간 불로 달군 팬에 식용유(1)를
둘러 우엉과 당근을 넣은 뒤
30초간 볶고,

5

양배추와 햄, 오리엔탈드레싱을
넣어 드레싱이 졸아들 때까지 볶고,

6

밀폐용기에 우엉샐러드를 담은 뒤
해바라기씨를 뿌려 마무리.

고기 역할을
톡톡히

🌱 버섯
샐러드 🌿

mushroom salad

우리 입맛에도 잘 맞는 매콤한 소스와
베이컨이 들어갔으니 맛이 없을 수 없겠죠.
버섯의 담백함과 베이컨의 감칠맛이 잘 어우러지고요.
밥반찬으로 즐겨도 손색없는 샐러드랍니다.

1통 필수 재료 ┃ 버섯(느타리버섯, 표고버섯, 양송이버섯 등 2줌),
마늘(2쪽), 베이컨(3줄), 어린잎채소(1줌)

5통 필수 재료 ┃ 버섯(느타리버섯, 표고버섯, 양송이버섯 등 10줌),
마늘(14쪽), 베이컨(13줄), 어린잎채소(5줌)

소요 시간 ┃ 20~25분 칼로리 ┃ 297kcal

고추간장드레싱

1통
설탕(0.5)+간장(2)+식초(0.7) +
다진 홍고추(1)+참기름(0.5)

5통
설탕(1)+간장(10)+식초(6.5)+
다진 홍고추(5)+참기름(2.5)

....

또 어울리는 드레싱

오리엔탈드레싱

....

이렇게 보관하세요!

이미 양념이 되어 있어
다른 밀폐용기 샐러드에 비해
빈 공간이 있어도 금방
상하지 않아요.

1

설탕(0.5), 간장(2), 식초(0.7)를
섞은 뒤 다진 홍고추(1)와
참기름(0.5)을 넣어
고추간장드레싱을 만들고,

2

느타리버섯은 밑동을 잘라낸 뒤
가닥가닥 뜯고, 표고버섯과
양송이버섯은 납작 썰고,

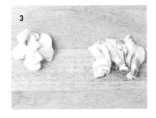
3

마늘은 꼭지를 제거한 뒤 납작 썰고,
베이컨은 1cm 폭으로 썰고,

4

어린잎채소는 깨끗이 헹군 뒤
체에 밭쳐 물기를 빼고,

5

중간 불로 달군 팬에 올리브유(3)를
둘러 마늘과 베이컨을 넣어 볶다가
노릇해지면 센 불로 올려 버섯을
넣어 재빠르게 볶고,

⋯› 버섯은 센 불로 빠르게 볶아야
물이 생기지 않아요.

6

밀폐용기에 버섯볶음을 담은 뒤
어린잎채소를 올려 마무리.

멕시코와 한국의
콜라보레이션
불고기타코
샐러드

bulgogi taco salad

샐러드의 무한 매력을 엿볼 수 있는 불고기타코샐러드예요.
토르티야에 샐러드를 넣고 돌돌 말거나
반으로 접어 타코로 만들면 홈메이드 특별식으로 즐길 수 있어요.
아이들도 참 좋아한답니다.

1통　필수 재료 | **토마토($\frac{1}{2}$개), 양상추(2장), 다진 쇠고기($\frac{2}{3}$컵=100g)**
　　선택 재료 | 슬라이스 치즈(1장)
　　양념 | **고춧가루(0.5), 설탕(0.3), 간장(1), 맛술(0.5), 후춧가루(약간)**

5통　필수 재료 | **토마토(3개), 양상추(10장), 다진 쇠고기($3\frac{1}{3}$컵=500g)**
　　선택 재료 | 슬라이스 치즈(5장)
　　양념 | **고춧가루(2.5), 설탕(1.5), 간장(5), 맛술(2.5), 후춧가루(약간)**

소요 시간 | 20~25분　칼로리 | 452kcal

요거트드레싱

1통
설탕(0.5)+레몬즙(1)+
플레인 요거트($\frac{1}{2}$팩=40g)+
마요네즈(1)

5통
설탕(2.5)+레몬즙(3.5)+
플레인 요거트($2\frac{1}{2}$팩=200g)+
마요네즈(5)

．．．．．．．．．．．．．．．．．．．．．．．．

또 어울리는 드레싱

크림치즈드레싱, 블루치즈드레싱

．．．．．．．．．．．．．．．．．．．．．．．．

이렇게 보관하세요!

오래 보관하려면 슬라이스
치즈를 빼고 키친타월을 올린 뒤
뚜껑을 닫아 공기와의 접촉을
최대한 막아 주세요.

쇠고기는 한 김 식혀서 담아야
다른 재료가 무르지 않아요.

1

요거트드레싱을 만들고,

2

토마토는 씨 부분을 도려낸 뒤
작게 깍둑 썰고, 양상추는 굵게
손으로 뜯고,

3

슬라이스 치즈는 반으로 잘라
도톰하게 채 썰고,

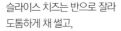

⋯ 포장지를 뜯지 않고 칼집을 넣으면
　 깔끔하게 썰 수 있어요.

4

쇠고기는 키친타월에 밭쳐 핏물을
뺀 뒤 **양념**에 버무리고,

⋯ 덩어리가 큰 고기는 냉장실에
　 보관하면 식감이 단단해지고
　 기름이 굳어 다진 쇠고기를 사용해요.

5

양념한 쇠고기는 마른 팬에 수분이
없어질 때까지 센 불에서 볶고,

⋯ 고기는 수분을 다 날려서 볶아야
　 오래 보관해도 누린내가 나지 않아요.

6

밀폐용기에 토마토 → 볶은 고기 →
양상추 → 슬라이스 치즈 순으로
담아 마무리.

찹찹 썰어
내 마음대로 즐기는
모차렐라콥
샐러드

mozzarella cobb salad

폼나는 비주얼을 자랑하는 모차렐라콥샐러드!
하지만 만드는 방법은 아주 간단하답니다.
밀폐용기에 담아 실용적으로 즐겨도 좋고,
멋진 샐러드볼에 담아 손님상 메뉴로 내도 손색없어요.

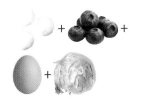

1통	필수 재료	보코치니 모차렐라치즈($\frac{2}{3}$컵), 블루베리($\frac{1}{3}$컵), 삶은 달걀(1개), 양상추(2장)
	선택 재료	그린올리브(3개)
5통	필수 재료	보코치니 모차렐라치즈($3\frac{1}{3}$컵), 블루베리($1\frac{2}{3}$컵), 삶은 달걀(5개), 양상추(10장=$\frac{1}{3}$통)
	선택 재료	그린올리브(15개=$\frac{2}{3}$컵)

소요 시간 | 20~25분   칼로리 | 518kcal

칠리토마토드레싱

1통
레몬즙(0.5)+
다진 토마토(1)+다진 양파(0.5)+
다진 할라피뇨(0.3)+
올리브유(2.5)+소금(약간)

5통
레몬즙(2.5)+
다진 토마토(5)+다진 양파(2.5)+
다진 할라피뇨(1)+
올리브유(8.5)+소금(약간)

또 어울리는 드레싱

케이퍼타르타르드레싱, 시저드레싱

이렇게 보관하세요!

생모차렐라치즈 대신
리코타치즈를 사용해도 좋아요.
4일 이상 보관할 때는
치즈는 따로 담아요.

1

칠리토마토드레싱을 만들고,

→ 토마토는 껍질에 십자(+)모양으로
   칼집을 넣어 끓는 물에 데친 뒤
   찬물에 식혀 껍질을 벗겨 잘게 다져
   사용하세요.

2

보코치니 모차렐라치즈는
체에 밭쳐 물기를 빼고,

3

블루베리는 깨끗이 헹군 뒤
체에 밭쳐 물기를 빼고,

→ 부드러운 식감의 블루베리는 물기를
   충분히 빼고 담아야 시간이 지나도
   무르지 않아요.

4

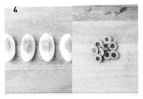

삶은 달걀은 4등분하고,
그린올리브는 동그란 모양을 살려
납작 썰고,

5

양상추는 손으로 찢고,

6

밀폐용기에 그린올리브 →
보코치니 모차렐라치즈 →
블루베리 → 양상추 →
삶은 달걀 순으로 담아 마무리.

차갑게 혹은 뜨겁게!
두 가지로 즐겨요

푸실리
샐러드

fusilli salad

파스타를 더하면 든든하게 배를 채우기 좋아요.
오래 보관하고 싶다면 푸실리를 제외한
나머지 재료만 밀폐용기에 담아두고,
푸실리는 먹기 직전에 삶아 곁들이세요.

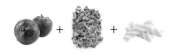

1통 | 필수 재료 | 방울토마토(5개), 어린잎채소(1줌), 푸실리(1컵)
　　 선택 재료 | 블랙올리브(3개)　양념 | 올리브유(1)

5통 | 필수 재료 | 방울토마토(25개), 어린잎채소(5줌), 푸실리(5컵)
　　 선택 재료 | 블랙올리브(11개)　양념 | 올리브유(5)

소요 시간 | 20~25분　칼로리 | 346 kcal

칠리토마토드레싱

1통
레몬즙(0.5)+
다진 토마토(1)+다진 양파(0.5)+
다진 할라피뇨(0.3)+
올리브유(2.5)+소금(약간)

5통
레몬즙(2.5)+
다진 토마토(5)+다진 양파(2.5)+
다진 할라피뇨(1)+
올리브유(12.5=1컵)+소금(약간)

또 어울리는 드레싱
발사믹드레싱, 블루치즈드레싱

이렇게 보관하세요!
삶은 푸실리의 물기를 충분히
뺀 뒤 올리브유에 버무려 두면
보관하는 동안 뭉치지 않아요.

푸실리는 냉장실에서
하루가 넘어가면 식감이
단단해져요. 먹기 전
전자레인지에 따뜻하게
데워 드세요.

1

칠리토마토드레싱을 만들고,

⋯ 토마토는 껍질에 십자(+)모양으로
칼집을 넣어 끓는 물에 데친 뒤
찬물에 식혀 껍질을 벗겨 잘게 다져
사용하세요.

2

방울토마토는 2등분하고,
블랙올리브는 동그란 모양을 살려
납작 썰고,

3

어린잎채소는 깨끗이 헹군 뒤
체에 밭쳐 물기를 빼고,

끓는 물(3컵)에 푸실리를 넣어
6분 정도 삶고,

5

다 익었으면 체에 밭쳐 물기를 뺀 뒤
올리브유(1)를 뿌려 버무리고,

6

밀폐용기에 방울토마토 →
푸실리 → 블랙올리브 →
어린잎채소 순으로 담아 마무리.

빈틈없이
꽈악 채운
두부소보로
샐러드

mashed tofu salad

보슬보슬하게 볶은 두부소보로에는
따로 간을 하지 않았어요.
그래야 다른 재료와 잘 어우러지면서
고소함은 더해진답니다.

| 1통 | 필수 재료 | 껍질콩(5개), 파프리카($\frac{1}{3}$개), 토마토($\frac{1}{2}$개), 어린잎채소(1줌), 두부(1모=290g) |
| 5통 | 필수 재료 | 껍질콩(19개), 파프리카($1\frac{1}{2}$개), 토마토(1개), 어린잎채소(4줌), 두부($2\frac{1}{2}$모=750g) |

소요 시간 | 20~25분   칼로리 | 594kcal

시저드레싱

1통
마늘(1쪽)+
파르메산 치즈가루(1)+
레몬즙(0.5)+마요네즈(1.5)+
올리브유(1.5)

5통
마늘(4쪽)+
파르메산 치즈가루(5)+
레몬즙(2)+마요네즈(6)+
올리브유(5.5)

또 어울리는 드레싱

두유참깨드레싱

이렇게 보관하세요!

두부소보로 대신 연두부나
데친 두부를 넣어도 좋아요.

1

마늘을 다진 뒤 나머지 재료를 넣고
거품기로 고루 섞어 시저드레싱을
만들고,

2

껍질콩, 파프리카, 토마토는
잘게 다지고,

3

어린잎채소는 깨끗이 헹군 뒤
체에 밭쳐 물기를 빼고,

4

두부는 으깨서 물기를 꼭 짠 뒤
마른 팬에서 수분을 날려가며
중간 불에서 볶아 두부소보로를
만들고,

5

밀폐용기에 토마토 → 파프리카 →
껍질콩 → 두부소보로 →
어린잎채소 순으로 담아 마무리.

다채로운 맛의
슈퍼볼

나초
샐러드

nacho salad

우리 입맛에도 잘 맞는 매콤한 소스와
볶은 쇠고기가 들어갔으니 맛이 없을 수 없겠죠?
크림치즈가 맛을 중화해줘 자극적이지 않아요.
나초 위에 준비한 샐러드와 드레싱을 얹어 먹어요.

1통 필수 재료 | 방울토마토(6개), 적양파($\frac{1}{4}$개), 피망($\frac{1}{2}$개),
       다진 쇠고기(1컵=150g), 나초(적당량)
     양념 | 시판 통조림 토마토소스($\frac{1}{2}$컵), 핫소스(적당량)

5통 필수 재료 | 방울토마토($3\frac{1}{2}$컵), 적양파($1\frac{1}{4}$개), 피망($2\frac{1}{2}$개),
       다진 쇠고기($3\frac{1}{2}$컵=560g), 나초(적당량)
     양념 | 시판 통조림 토마토소스($2\frac{1}{4}$컵), 핫소스(적당량)

소요 시간 | 20~25분 칼로리 | 386kcal

크림치즈드레싱

1통

크림치즈(2)+허브가루(0.2)+
레몬즙(0.5)+플레인 요거트(2)+
꿀(0.5)+소금(0.1)+후춧가루(약간)

5통

크림치즈(7)+허브가루(0.6)+
레몬즙(2.5)+플레인 요거트(10=$\frac{2}{3}$컵)+
꿀(2)+소금(0.1)+후춧가루(약간)

또 어울리는 드레싱

요거트드레싱,
케이퍼타르타르드레싱

이렇게 보관하세요!

보관하는 동안 물기가
생기지 않도록 적양파와 피망도
고기와 같이 볶아도 돼요.

토마토소스에 볶은 쇠고기는
덮밥으로 먹어도 되고,
토르티야에 곁들여도 맛있어요.

1

크림치즈를 부드럽게 풀고
나머지 재료를 섞어
크림치즈드레싱을 만들고,

2

방울토마토는 반을 잘라 씨를
파낸 뒤 굵게 다지고, 적양파와
피망도 굵게 다지고,

3

중간 불로 달군 팬에 식용유(2)를
둘러 다진 쇠고기를 넣어 볶고,

4

고기가 다 익으면 토마토소스를
넣어 볶다가 핫소스를 넣고,

5

밀폐용기에 볶은 쇠고기 →
적양파 → 방울토마토 → 피망
순으로 담아 마무리.

part 6

재료 준비+평균 시간 25~30분

스페셜 샐러드

—

늘상 먹는 샐러드를 좀 더 특별하게 즐겨보세요.
5통 만드는데 평균 시간 25분이면 충분해요.
수분이 많은 과일과 채소는 샐러드도
담는 방법만 확실하게 알아 두면
처음 상태 그대로 보관할 수 있어요!

야들야들
고기가 듬뿍
쇠고기
배 샐러드

asian pear salad

가끔씩 샐러드를 푸짐하고
특별하게 먹고 싶은 날이 있잖아요.
그런 날 먹으면 딱 좋아요.
끓는 물에 살짝 데친 고기가 든든함을 더한답니다.

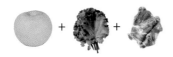

1통 필수 재료 | 배($\frac{1}{2}$개), 로즈($\frac{1}{2}$줌), 샤브샤브용 쇠고기(100g)
　　 선택 재료 | 잣(1)　 양념 | 소금(0.2), 청주(1)

5통 필수 재료 | 배(1$\frac{1}{2}$개), 로즈(2.5줌), 샤브샤브용 쇠고기(500g)
　　 선택 재료 | 잣(5)　 양념 | 소금(0.3), 청주(2)

소요 시간 | 25~30분　 칼로리 | 384 kcal

고추간장드레싱

1통
설탕(0.5)+간장(2)+식초(0.7)+
다진 홍고추(1)+참기름(0.5)

5통
설탕(1.5)+간장(6)+식초(3)+
다진 홍고추(4)+참기름(1.2)

···→ 고추간장드레싱에 연겨자를
　　섞어 곁들이면 알싸한 맛이
　　더해져 고기와 잘 어울려요.

··

또 어울리는 드레싱

오리엔탈드레싱, 발사믹드레싱

··

이렇게 보관하세요!

배 위에 종이포일을 깔고
얹으면 잣의 식감이 유지돼요.

1

설탕(0.5), 간장(2), 식초(0.7)를
섞은 뒤 다진 홍고추(1)와
참기름(0.5)을 넣어
고추간장드레싱을 만들고,

2

배는 껍질을 벗긴 뒤 납작 썰어
설탕물(물4컵+설탕2)에 담그고,

3

로즈는 굵게 채 썰고,

4

끓는 소금물(물5컵+소금0.2)에
청주(1)와 샤브샤브용 고기를 넣어
핏기가 사라질 때까지 데쳐 건지고,

5

밀폐용기에 고기 → 로즈 →
배 → 잣 순으로 담아 마무리.

누구라도 반할
감칠맛이 가득

새우
샐러드

shrimp salad

매콤한 새우가 감칠맛을 더해 자꾸 손이 가는 샐러드예요.
비타민과 청오이를 밀폐용기에 가득 담아 보관했다가 먹기 직전
새우를 구워 곁들이면 탱글탱글한 새우의 식감을
제대로 느낄 수 있어요.

1통 필수 재료 | 새우살(1컵), 비타민(1줌), 청오이($\frac{1}{3}$개)
　　 새우 양념 | 고춧가루(0.7), 카레가루(0.2), 허브가루(0.1), 맛술(1), 소금(약간), 후춧가루(약간)

5통 필수 재료 | 새우살(5컵), 비타민(5줌), 청오이($1\frac{2}{3}$개)
　　 새우 양념 | 고춧가루(4), 카레가루(1.5), 허브가루(0.5), 맛술(5), 소금(약간), 후춧가루(약간)

소요 시간 | 25~30분　칼로리 | 258kcal

프렌치드레싱

1통
설탕(0.3)+소금(0.1)+
허브가루(0.1)+레몬즙(1.5)+
후춧가루(약간)+올리브유(2)

5통
설탕(1.5)+소금(0.5)+
허브가루(1)+레몬즙(5)+
후춧가루(약간)+올리브유(10)

．．．．．．．．．．．．．．．．．．．．．．．．．．．

또 어울리는 드레싱

고추냉이드레싱, 칠리토마토드레싱

．．．．．．．．．．．．．．．．．．．．．．．．．．．

이렇게 보관하세요!

2일 이상 보관하고 싶다면
새우를 제외한 나머지 재료만
밀폐용기에 담아두고, 새우는
먹을 때 구워서 곁들여요.

1

프렌치드레싱을 만들고,

2

새우살은 소금물(물3컵+소금1)에
흔들어 씻어 물기를 뺀 뒤 **새우 양념**
에 버무려 10분 이상 재우고,

3

비타민은 먹기 좋게 낱장으로 뜯고,
┈→ 길이가 긴 잎은 반으로 썰어 주세요.

4

청오이는 감자칼로 드문드문
껍질을 벗긴 뒤 한입 크기로
깍둑 썰고,

5

중간 불로 달군 팬에 식용유(2)를
둘러 새우를 앞뒤로 노릇하게
구워 식히고,

6

밀폐용기에 새우 → 오이 →
비타민 순으로 담아 마무리.

탱글탱글함의
정석
오징어
샐러드

squid salad

돌돌 말린 오징어가 먹음직스러운 지중해풍 샐러드예요.
씹는 재미까지 더해진 샐러드라 남녀노소 모두 그 맛에 반할 거예요.
냉장고에 두었다가 반찬으로 먹는 것도 추천해요.

1통 **필수 재료** | 오징어(몸통부분 ½마리), 통조림 황도(1조각), 어린잎채소(1줌)
　　 선택 재료 | 슬라이스 아몬드(2)　**양념** | 소금(약간), 청주(1)

5통 **필수 재료** | 오징어(몸통부분 2½마리), 통조림 황도(5조각), 어린잎채소(5줌)
　　 선택 재료 | 슬라이스 아몬드(10)　**양념** | 소금(약간), 청주(2)

소요 시간 | 25~30분　칼로리 | 222kcal

발사믹드레싱

1통
발사믹식초(1)+
다진 양파(0.5)+꿀(0.7)+
올리브유(2)

5통
발사믹식초(5)+
다진 양파(2.5)+꿀(3.2)+
올리브유(10)

··

또 어울리는 드레싱

케이퍼타르타르드레싱,
프렌치드레싱

··

이렇게 보관하세요!

오래 보관할 때는 오징어는
먹기 직전에 데쳐 곁들여요.

1

발사믹드레싱을 만들고,

2

황도는 웨지 모양으로 썰고,

3

어린잎채소는 깨끗이 헹군 뒤
체에 받쳐 물기를 빼고,

4

오징어는 안쪽 면에 잔칼집을
넣어 2×6cm 크기로 썰고,

···▶ 길이 방향으로 썰어야 데치면
　　돌돌 예쁘게 말려요.

5

끓는 물에 **양념**과 오징어를 넣어
돌돌 말릴 때까지 데쳐 건진 뒤
체에 받쳐 한 김 식히고,

6

밀폐용기에 오징어 → 황도 →
어린잎채소 → 아몬드 슬라이스
순으로 담아 마무리.

자투리 식빵으로
만들어요
딸기크루통
샐러드

strawberry&croûton salad

식빵을 네모나게 잘라 구운 크루통은
어떤 샐러드와도 두루두루 잘 어울린답니다.
크루통을 만드는 과정이 번거롭다면 대신
식빵이나 크래커를 곁들여보세요.

1통 필수 재료 | 딸기(4개), 식빵(1쪽), 어린잎채소(1줌), 굵게 다진 호두(2)

5통 필수 재료 | 딸기(6컵), 식빵(5쪽), 어린잎채소(5줌), 굵게 다진 호두(10=⅔컵)

소요 시간 | 25~30분   칼로리 | 323kcal

키위드레싱

1통
키위(1개)+설탕(0.5)+
소금(약간)+레몬즙(0.5)+
올리브유(2)

5통
키위(5개)+설탕(1.5)+
소금(약간)+레몬즙(2)+
올리브유(7=½컵)

....

또 어울리는 드레싱
요거트드레싱, 크림치즈드레싱

....

이렇게 보관하세요!
호두 위에 종이포일을 깔고
크루통을 얹으면
호두의 식감이 유지돼요.

딸기는 썰지 않고 통으로
담아도 돼요.

1

키위는 강판에 갈아 설탕(0.5), 소금,
레몬즙(0.5)을 섞은 뒤 올리브유(2)를
조금씩 넣으며 되직해질 때까지
저어 **키위드레싱**을 만들고,

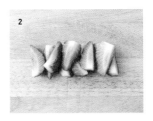

2

딸기는 4등분하고,

3

식빵은 가장자리를 다듬어
사방 1.5cm 크기로 썰고,

4

어린잎채소는 깨끗이 헹군 뒤
체에 밭쳐 물기를 빼고,

5

마른 팬에 식빵을 올려 약한 불에서
노릇하게 구워 크루통을 만들고,

6

밀폐용기에 딸기 → 어린잎채소 →
굵게 다진 호두 → 크루통 순으로
담아 마무리.

끝맛이
개운한

닭안심양파
샐러드

chicken tenderloin & onion salad

양파를 큼직하게 썰어 아삭한 맛과
시원한 맛이 배가되었어요.
부드러운 닭안심의 맛에 확실한 포인트가 된답니다.

1통 필수 재료 | 양파($\frac{1}{2}$개), 어린잎채소($\frac{1}{2}$줌), 닭안심(5쪽=175g)
      밑간 | 마요네즈(1), 씨겨자(0.5), 후춧가루(0.1)

5통 필수 재료 | 양파($2\frac{1}{2}$개), 어린잎채소($2\frac{1}{2}$줌), 닭안심(25쪽=875g)
      밑간 | 마요네즈(5), 씨겨자(5.5), 후춧가루(0.1)

소요 시간 | 25~30분 칼로리 | 449kcal

키위드레싱

1통
키위(1개)+설탕(0.5)+
소금(약간)+레몬즙(0.5)+
올리브유(2)

5통
키위(5개)+소금(약간)+
설탕(1.4)+레몬즙(2.5)+
올리브유(7.5)

....

또 어울리는 드레싱

유자청드레싱, 칠리토마토드레싱

....

이렇게 보관하세요!

향이 진한 양파 대신 파프리카나
오이 또는 과일(방울토마토,
파인애플 등)을 담아도 좋아요.

1

키위는 강판에 갈아 설탕(0.5), 소금,
레몬즙(0.5)을 섞은 뒤 올리브유(2)를
조금씩 넣으며 되직해질 때까지
저어 **키위드레싱**을 만들고,

2

양파는 모양대로 얇게 썰고,

3

어린잎채소는 깨끗이 헹군 뒤
체에 밭쳐 물기를 빼고,

4

닭안심은 **밑간**해 5분 이상 재우고,

⋯ 씨겨자 대신 머스터드로 대체해도
   좋아요.

5

중간 불로 달군 팬에 식용유(2)를
둘러 닭안심을 노릇하게 구운 뒤
살짝 식혀 어슷하게 썰고,

6

밀폐용기에 양파 → 닭안심 →
어린잎채소 순으로 담아 마무리.

클린하게 즐기는
디톡스 한 끼

율무
샐러드

pearl barley salad

눈 건강에 좋은 율무를 사용하여 만든 샐러드예요.
톡톡 터지는 식감 덕분에 색다른 매력이 가득해요.
먹기 직전에 전자레인지에 따뜻하게 데워야
단단하지 않고 맛있답니다.

1통 **필수 재료** | 율무(1컵), 단호박($\frac{1}{2}$개), 가지($\frac{1}{2}$개), 어린잎채소(1줌)
　　선택 재료 | 건크랜베리(1.5)

5통 **필수 재료** | 율무(3$\frac{1}{2}$컵), 단호박($\frac{5}{3}$개), 가지(1개), 어린잎채소(5줌)
　　선택 재료 | 건크랜베리(7.5)

고추간장드레싱

1통
설탕(0.5)+간장(2)+식초(0.7)+
다진 홍고추(1)+참기름(0.5)

5통
설탕(2)+간장(8)+식초(2)+
다진 홍고추(5)+참기름(2.5)

....

또 어울리는 드레싱

두유참깨드레싱, 발사믹드레싱

1

율무는 3시간 이상 불리고,

┈▶ 율무는 전날 미리 깨끗이 헹궈 잠길 만
큼의 물을 부어 3시간 이상 불려 준비해
주세요.

2

고추간장드레싱을 만들고,

3

끓는 물에 불린 율무를 넣어
부드러워 질 때까지 푹 삶은 뒤
찬물에 헹궈 물기를 빼고,

┈▶ 전분기를 제거하기 위해 반드시
흐르는 물에 헹궈주세요.

┈▶ 부드러운 식감을 위해 푹 삶는 게 좋아요.

4

단호박과 가지는 사방 1cm로
깍둑 썰고,

5

어린잎채소는 깨끗이 헹군 뒤
체에 밭쳐 물기를 빼고,

중간 불로 달군 팬에 식용유(3)를
둘러 단호박과 가지를 각각 굽고,

7

밀폐용기에 건크랜베리 → 율무 →
단호박 → 가지 → 어린잎채소
순으로 담아 마무리.

간결한
지중해식
니스풍
샐러드

Nice salad

감자는 껍질에도 영양소가 많아
지저분한 부분만 파낸 뒤 삶아서 껍질째 담았어요.
프랑스 니스에 온 것 같은 기분을
만끽해보세요.

1통　필수 재료 | 감자(1개), 양상추(2장), 삶은 달걀(1개), 토마토($\frac{1}{2}$개)
　　　선택 재료 | 껍질콩(5줄기)　양념 | 소금(0.2)

5통　필수 재료 | 감자(5개), 양상추(10장=$\frac{1}{2}$통), 삶은 달걀(5개), 토마토($2\frac{1}{2}$개)
　　　선택 재료 | 껍질콩(25줄기)　양념 | 소금(0.4)

소요 시간 | 25~30분　칼로리 | 434kcal

사우전드아일랜드드레싱

1통
다진 피클(0.5)+두 가지 색의
다진 피망(1)+피클물(0.7)+
마요네즈(2)+케첩(1)+
소금(약간)+후춧가루(약간)

5통
다진 피클(2.5)+두 가지 색의
다진 피망(5)+피클물(2)+
마요네즈(10)+케첩(5)+
소금(약간)+후춧가루(약간)

....

또 어울리는 드레싱

두유참깨드레싱, 시저드레싱

....

이렇게 보관하세요!

감자는 삶은 뒤 물기를
잘 닦고 썰어야 보관하는 동안
물이 생기지 않아요.

토마토는 씨 부분을 도려낸 뒤
담으면 더 오래 보관할 수 있어요.

표면이 갈색을 띠는 껍질콩은
신선하지 않은 것이에요.

1
다진 피망과 피클은 면포에 감싸
물기를 뺀 뒤 나머지 재료와 섞어
사우전드아일랜드드레싱을 만들고,

2
냄비에 감자가 잠길 만큼의 물과
소금(0.2)을 넣어 감자를 삶고,

...→ 젓가락으로 찔렀을 때 부드럽게
　　들어가면 다 익은 거예요.

3
양상추는 한입 크기로 찢고,

4
삶은 달걀은 4등분으로 썰고,
토마토와 감자는 웨지 모양으로 썰고,

5
껍질콩은 끓는 물에 20초간
데쳐 찬물에 담가 식히고,

...→ 길이가 긴 껍질콩은 2등분해요.

6
밀폐용기에 토마토 → 껍질콩 →
감자 → 양상추 → 삶은 달걀 순으로
담아 마무리.

향긋함에
사로 잡히는
허브닭가슴살
샐러드

roasted chicken breast with herb & salad

다이어트 식단에서 빠질 수 없는
저지방 고단백 식품의 대명사, 닭가슴살!
산뜻한 채소와 과일을 곁들여 맛과 영양을
동시에 업그레이드 했어요.
어린잎채소에 물기가 직접적으로 닿지 않도록
닭가슴살 사이에 종이포일을 깔아서 보관해요.

1통 **필수 재료** | 닭가슴살(1쪽), 어린잎채소(1줌), 블루베리($\frac{1}{2}$ 컵), 파프리카($\frac{1}{2}$ 개)
　　 밑간 | 허브가루(0.5), 소금(0.1), 올리브유(3), 후춧가루(약간)

5통 **필수 재료** | 닭가슴살(5쪽), 어린잎채소(5줌), 블루베리($2\frac{1}{2}$ 컵), 파프리카($2\frac{1}{2}$ 개)
　　 밑간 | 허브가루(2.5), 소금(0.5), 올리브유(7), 후춧가루(약간)

소요 시간 | 25~30분　칼로리 | 548kcal

사우전드아일랜드드레싱

1통
다진 피클(0.5)+두 가지 색의
다진 피망(1)+피클물(0.7)+
마요네즈(2)+케첩(1)+
소금(약간)+후춧가루(약간)

5통
다진 피클(2.5)+두 가지 색의
다진 피망(5)+피클물(2)+
마요네즈(10)+케첩(5)+
소금(0.3)+후춧가루(약간)

....

또 어울리는 드레싱

프렌치드레싱, 발사믹드레싱

....

이렇게 보관하세요!

닭가슴살은 기름을 적게 두르고
구워야 보관하는 동안
기름 냄새가 나지 않아요.
찜기에 찌거나 오븐에 구워도 돼요.

1

다진 피클은 피망과 면포에 감싸
물기를 뺀 뒤 나머지 재료와 섞어
사우전드아일랜드드레싱을 만들고,

2

닭가슴살은 **밑간**에 버무려
10분 이상 재우고,

3

어린잎채소와 블루베리는 깨끗이
헹군 뒤 체에 밭쳐 물기를 빼고,

4

파프리카는 채 썰고,

5

중간 불로 달군 팬에 식용유(2)를
둘러 닭가슴살을 앞뒤로 노릇하게
구워 꺼낸 뒤 한입 크기로 저며 썰고,

⋯▶ 가장 두꺼운 부분을 반으로 찢어
　　덜 익은 부분이 없고 눌렀을 때
　　단단하면 다 익은 거예요.

6

밀폐용기에 파프리카 →
어린잎채소 → 닭가슴살 →
블루베리 순으로 담아 마무리.

눈과 입이 즐거운
브런치
스크램블에그
샐러드

scrambled egg salad

우유를 넣어 더욱 부드러운 스크램블에그가 삶은 달걀과는
다른 매력으로 샐러드의 맛을 업그레이드 해주네요.
집에 채소탈수기가 있다면 어린잎채소의
물기를 더 완벽하게 제거할 수 있답니다.

1통 필수 재료 | 토마토($\frac{1}{2}$개), 어린잎채소(1줌), 프랑크소시지(1개), 달걀(2개)
　　선택 재료 | 우유($\frac{1}{2}$컵)　양념 | 소금(0.1), 후춧가루(약간)

5통 필수 재료 | 토마토($2\frac{1}{2}$개), 어린잎채소(5줌), 프랑크소시지(5개), 달걀(10개)
　　선택 재료 | 우유($2\frac{1}{2}$컵)　양념 | 소금(0.5), 후춧가루(약간)

소요 시간 | 30분　칼로리 | 547kcal

시저드레싱

1통
마늘(1쪽)+
파르메산 치즈가루(1)+
레몬즙(0.5)+마요네즈(1.5)+
올리브유(1.5)

5통
마늘(2쪽)+
파르메산 치즈가루(5)+
레몬즙(2.5)+마요네즈(3.5)+
올리브유(7.5)

1

마늘을 다져 나머지 재료를 넣고
거품기로 고루 섞어 **시저드레싱**을
만들고,

2

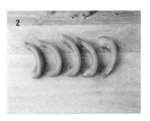

토마토는 씨 부분을 도려낸 뒤
납작 썰고,

3

어린잎채소는 깨끗이 헹군 뒤
체에 밭쳐 물기를 빼고,

4

프랑크소시지는 잘게 칼집을 낸 뒤
식용유(1)를 두른 팬에 올려 노릇하
게 굽고,

···▸ 구운 소시지는 큼직하게 썰어요.

5

달걀은 곱게 푼 뒤 우유와 **양념**을
넣어 섞고,

6

중간 불로 달군 팬에 식용유(1)를
둘러 달걀물을 부어 젓가락으로
저으며 스크램블에그를 만들고,

···▸ 스크램블에그는 보관기간이 짧으니
삶은 달걀을 넣어도 돼요.

7

밀폐용기에 소시지 → 토마토 →
스크램블에그 → 어린잎채소
순으로 담아 마무리.

이집트에서
건너 온
병아리콩
샐러드

chickpea salad

식빵이나 바게트 등 식사빵을 곁들이면
포만감 있는 한 끼 식사를 할 수 있어요.
웬만한 브런치 카페의 메뉴 못지않죠.

1통 필수 재료 | 병아리콩(1컵), 청오이(¼개), 사과(⅓개), 삶은 달걀(1개)
　　양념 | 소금(0.2)
5통 필수 재료 | 병아리콩(5컵), 청오이(1¼개), 사과(1⅓개), 삶은 달걀(5개)
　　양념 | 소금(0.8)

소요 시간 | 20분　칼로리 | 148kcal

크림치즈드레싱

1통
크림치즈(2)+허브가루(0.2)+
레몬즙(0.5)+플레인 요거트(2)+
꿀(0.5)+소금(약간)+
후춧가루(약간)

5통
크림치즈(7)+허브가루(0.6)+
레몬즙(2.5)+플레인 요거트(10)+
꿀(2)+소금(0.2)+
후춧가루(약간)

또 어울리는 드레싱
머스터드드레싱

이렇게 보관하세요!
재료를 병아리콩 → 오이 →
사과 → 삶은 달걀 순으로
담아 두었다가 먹기 직전에
드레싱과 섞어 으깨면
1~2일 더 보관할 수 있어요.

1

크림치즈를 부드럽게 푼 뒤
나머지 재료를 섞어
크림치즈드레싱을 만들고,

2

병아리콩은 냄비에 넣어
중간 불로 20분 정도 삶고,

⋯→ 병아리콩은 전날 미리 깨끗이 헹궈 잠길
　　만큼의 물을 부어 3시간 이상 불려 준비
　　해주세요.
⋯→ 부드럽게 으깨질 때까지 푹 삶아주세요.

3

오이는 모양대로 얇게 썬 뒤
소금(0.2)에 절이고,

⋯→ 오이가 부드럽게 구부러질 정도로
　　절여지면 흐르는 물에 가볍게 헹군 뒤
　　물기를 꼭 짜서 사용하세요.
⋯→ 층층이 담을 때는 생으로 넣어도 돼요.

4

사과는 껍질째 굵게 썰고,

5

볼에 삶은 병아리콩과 삶은 달걀을
담아 굵게 으깬 뒤 오이와 사과,
드레싱을 넣고 고루 버무리고,

6

밀폐용기에 담아 마무리.

part 7

바로 만들어
바로 먹는
즉석 샐러드

—

우동, 쌀국수, 씨리얼 등
샐러드 재료로 활용할 수 있는
식재료는 다양하답니다.
30분 내로 완성할 수 있는 간단한 샐러드로
퇴근 후 여유로운 만찬을 즐겨 보세요.

누들 만찬
쌀국수 ↓ 샐러드 ❦

rice noodle salad

뜨끈한 국물 대신 다양한 채소들이 어우러져
특별한 맛을 내는 쌀국수샐러드예요.
담백하면서도 재료의 식감이 잘 어우러진 쌀국수샐러드는
라이스페이퍼에 돌돌 말아 먹어도 맛있답니다.

2인분

필수 재료 | 피망(½개), 당근(¼개),
토마토(½개), 숙주(1줌), 새우(1컵),
쌀국수(1줌=75g)

선택 재료 | 양상추(3장), 마늘(2쪽)

양념 | 소금(0.1), 후춧가루(약간)

....

피시소스드레싱

홍고추(½개)+고춧가루(0.2)+
피시소스(2)+레몬즙(1.5)+
다진 양파(1)+다진 마늘(0.3)+
포도씨유(1)+

1

홍고추는 송송 썰어 나머지 재료와
고루 섞어 **피시소스드레싱**을 만들고,

···▸ 홍고추는 꼭지를 잘라 씨를 털어낸 뒤
썰어요.

2

피망과 당근, 양상추는 6cm 길이로
채 썰고, 토마토는 웨지 모양으로
썰고, 마늘은 굵게 다지고,

3

숙주는 지저분한 부분을 다듬은 뒤
깨끗이 헹궈 물기를 빼고,

4

새우는 옅은 소금물(물2컵+소금1)에
흔들어 씻어 물기를 빼고,

5

찬물에 30분 정도 불린 쌀국수를
끓는 물에 넣어 투명해질 때까지
데친 뒤 찬물에 헹궈 물기를 빼고,

6

중간 불로 달군 팬에 식용유(2)를
둘러 굵게 다진 마늘을 볶다가
새우를 넣어 소금(0.1)과 후춧가루를
뿌려가며 노릇하게 굽고,

7

그릇에 쌀국수와 준비한 재료를
담고 드레싱을 곁들여 마무리.

유자청을 곁들인
지중해식

해산물
샐러드

seafood salad

쫄깃쫄깃한 해산물의 식감을 그대로 느낄 수 있어
더욱 매력적이에요. 해산물 특유의 냄새를 말끔히 제거하는 것이
이 샐러드에서 가장 중요한 포인트랍니다.
새콤하고 깔끔한 맛이 입맛을 돋우네요.

2인분

필수 재료 | 샐러드채소(1줌),
주꾸미(3마리), 새우살(1컵)

선택 재료 | 방울토마토(3개)

양념 | 소금(0.3), 청주(1)

···

유자청드레싱

레몬즙(1)+유자청(1)+
포도씨유(2)+소금(약간)+

1

유자청드레싱을 만들고,

2

방울토마토는 2등분하고,
샐러드채소는 깨끗이 헹군 뒤
체에 밭쳐 물기를 빼고,

3

주꾸미는 내장과 눈, 입을 제거해
밀가루로 바락바락 주무른 뒤
찬물에 행구고,

4

새우살은 소금물(물2컵+소금1)에
흔들어 씻고,

5

끓는 물에 **양념**을 넣어 주꾸미와
새우살을 살짝 데쳐 건진 뒤
얼음물에 담가 차게 식히고,

6

샐러드채소와 해산물을 그릇에
담고 드레싱을 곁들여 마무리.

⋯→ 볼에 레몬 슬라이스를 같이 넣으면
잡내가 사라져요.

맥주를 부르는
한 입

오렌지치킨
스테이크샐러드

orange chicken steak salad

보기만 해도 군침이 도는 샐러드예요.
자칫 느끼해질 수 있는 닭고기 맛을 샐러드채소와
오렌지가 꽉 잡아주어 맛의 균형을 맞췄어요.
샐러드채소는 얼음물에 담갔다가 사용하면
더욱 싱싱하고 아삭하게 즐길 수 있답니다.

2인분

필수 재료 | 닭다릿살(2쪽=150g),
오렌지($\frac{1}{2}$개), 샐러드채소(1줌)

밑간 | 소금(0.1), 후춧가루(약간),
청주(0.7)

....

케이퍼타르타르드레싱

케이퍼(0.5)+다진 양파(1)+
다진 피클(0.5)+
플레인 요구르트(3)+꿀(0.5)

1

케이퍼를 곱게 다진 뒤
나머지 재료와 고루 섞어
케이퍼타르타르드레싱을 만들고,

2

닭다릿살의 기름 부분을 제거한 뒤
껍질에 칼집을 넣어 **밑간**하고,

3

오렌지는 껍질을 벗긴 뒤
과육만 발라내고,

4

샐러드채소는 깨끗이 헹군 뒤
체에 밭쳐 물기를 빼고,

5

중간 불로 달군 팬에 올리브유(2)를
둘러 닭다릿살을 앞뒤로
노릇하게 굽고,

6

그릇에 샐러드채소와
닭다릿살구이, 오렌지를 담고
드레싱을 곁들여 마무리.

너무 맛있어서
반해 버린

연어스테이크
샐러드

salmon steak salad

연어를 초밥이나 회로만 즐겼다면
오늘은 노릇하게 구워 스테이크로 즐겨보세요.
좀 더 고소하고 부드러운 연어를 맛볼 수 있을 거예요.
구울 때 자주 뒤집으면 살이 으깨지므로
한두 번만 뒤집어주는 게 좋아요.

2인분

필수 재료 | 스테이크용 연어(2쪽≒240g),
치커리($\frac{1}{2}$ 줌), 사과($\frac{1}{3}$ 개)

밑간 | 레몬즙(0.5), 꿀(1),
디종머스타드(0.7), 올리브유(1)

....

발사믹드레싱

발사믹식초(1)+다진 양파(0.5)+
꿀(0.7)+올리브유(2)

발사믹드레싱을 만들고,

연어는 밑간에 버무려 10분 이상
재우고,

치커리는 손으로 굵게 뜯고,

사과는 껍질째 납작 썰고,

중간 불로 달군 팬에 올리브유(2)를
둘러 연어를 앞뒤로 노릇하게 굽고,

그릇에 치커리와 사과를 담고
연어스테이크를 얹은 뒤
드레싱을 곁들여 마무리.

만만한 식재료로
버무리는

구운어묵
샐러드

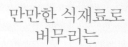
roasted fish ball salad

튀기지 않아 담백한 구운 어묵과
진한 드레싱이 만나 입맛을 돋우는 샐러드예요.
짠맛이 강한 명란젓을 마요네즈가
중화해주어 밑반찬으로 활용해도 훌륭해요.
구운 어묵 대신 일반 어묵을 사용할 경우
끓는 물에 한번 데치면 기름기가 빠져
더욱 깔끔하게 즐길 수 있어요.

2인분

필수 재료 | 구운 어묵(5개),
브로콜리($\frac{1}{3}$송이), 사과($\frac{1}{4}$개),
양상추(2장)

양념 | 소금(0.3)

....

명란마요드레싱

명란젓($\frac{1}{2}$개)+설탕(0.3)+
마요네즈(2.5)+

1

명란젓은 알만 긁어낸 뒤
나머지 재료와 고루 섞어
명란마요네즈드레싱을 만들고,

···→ 명란젓 가운데에 길게 칼집을 넣어
껍질을 벌린 뒤 숟가락으로 알만
긁어내요.

2

구운 어묵은 한입 크기로 썰고,
브로콜리와 사과는 2×2cm 크기로
썰고,

3

양상추는 한입 크기로 찢고,

4

끓는 소금물(물3컵+소금0.2)에
브로콜리를 넣어 15~20초 데쳐
건지고,

···→ 브로콜리는 물기를 충분히 뺀 뒤
버무려야 물기가 생기지 않아요.

5

볼에 구운 어묵, 브로콜리, 사과,
드레싱을 넣어 버무리고,

6

양상추를 넣고 가볍게 버무려
마무리.

새콤한
이색 별미
우동
↓ 샐러드 🌷

╲ u d o n   s a l a d ╱

출출할 때 별미 메뉴를 찾는 분들에게
추천하고 싶은 샐러드예요.
두툼한 우동면을 사용했기 때문에 샐러드라도 든든하답니다.
탱글탱글한 식감을 살리기 위해 삶은 우동면은
얼음물에 담갔다가 건져 사용하세요.

2인분

필수 재료 | 샐러드채소(1줌),
오이(⅓개), 방울토마토(4개),
우동면(2인분=200g)

선택 재료 | 통조림 옥수수(3),
파르메산 치즈가루(적당량)

....

오리엔탈드레싱

설탕(0.5)+간장(1)+
레몬즙(0.5)+올리브유(2)+
후춧가루(약간)+참깨(0.1)+

설탕(0.5)에 간장(1), 레몬즙(0.5)을
넣어 설탕이 녹을 때까지 잘 저은 뒤
나머지 드레싱 재료를 섞어
오리엔탈드레싱을 만들고,

샐러드채소는 깨끗이 헹궈 체에
받쳐 물기를 빼고,

오이는 모양대로 0.2cm 두께로 썰고,
방울토마토는 2등분하고,

끓는 물에 우동면을 넣어 2분간
삶은 뒤 찬물에 헹궈 체에 받쳐
물기를 빼고,

볼에 우동사리와 드레싱(½분량)을
넣어 버무리고,

그릇에 우동면을 담은 뒤 샐러드
채소와 오이, 방울토마토를 담고
나머지 드레싱과 옥수수,
파르메산 치즈가루를 뿌려 마무리.

냉동고 속
떡 활용 레시피

떡
샐러드

rice cake salad

절편을 구워 채소와 버무리니
쫄깃한 식감과 새콤한 유자청드레싱이
환상의 궁합을 자랑하네요.
절편이 없다면 가래떡이나 떡국떡을 사용해도 된답니다.

2인분

필수 재료 | 떡(3쪽), 홍시(1개),
어린잎샐러드(1줌)

선택 재료 | 건크랜베리(2),
아몬드 슬라이스(4)

....

유자청드레싱

레몬즙(1)+유자청(1)+
포도씨유(2)+소금(약간)+

유자청드레싱을 만들고,

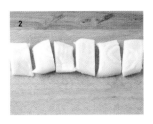

떡은 반으로 어슷 썰고,

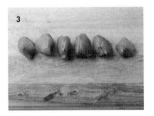

홍시는 꼭지와 씨를 제거한 뒤
6등분하고,

어린잎샐러드는 깨끗이 헹군 뒤
체에 밭쳐 물기를 빼고,

중간 불로 달군 팬에 식용유(0.7)를
둘러 떡을 앞뒤로 노릇하게 굽고,

그릇에 어린잎샐러드, 구운 떡과
홍시를 담고 건크랜베리,
아몬드 슬라이스를 뿌리고
드레싱을 곁들여 마무리.

톡톡 터지는
경쾌함

↘ # 현미
샐러드 ☘

brown rice salad

건강한 곡물로 손꼽히는 현미로 만든 샐러드예요.
고소한 현미와 상큼한 과일이 만나 최고의 맛을 낸답니다.
과식한 다음 날 가볍게 즐겨보세요.

2인분

필수 재료 | 현미($\frac{1}{2}$컵),
아보카도($\frac{1}{2}$개), 방울토마토(5개)

선택 재료 | 망고($\frac{1}{2}$개),
어린잎채소($\frac{1}{2}$줌)

....

발사믹드레싱

발사믹식초(1)+다진 양파(0.5)+
꿀(0.7)+올리브유(2)

발사믹드레싱을 만들고,

현미는 깨끗이 씻은 뒤 냄비에
물(4컵)을 담아 센 불에서 끓이고,

끓어오르면 중간 불로 줄여 15분간
삶은 뒤 체에 밭쳐 한 김 식히고,

아보카도와 망고는 깍둑 썰고,
방울토마토는 4등분하고,

어린잎채소는 깨끗이 헹군 뒤
체에 밭쳐 물기를 빼고,

볼에 모든 재료를 담고
드레싱을 곁들여 마무리.

알록달록 비주얼마저
사랑스러운

열대과일
시리얼샐러드

tropical fruits salad

손님을 초대하면 디저트까지 꼼꼼히 신경 쓰게 되잖아요.
과일을 깎아 큰 접시에 담는 대신 이렇게 샐러드로 만들어
작은 그릇에 담아 하나씩 내면 꽤 근사하답니다.

2인분

필수 재료 | 키위(1개), 자몽($\frac{1}{2}$개),
망고($\frac{1}{2}$개), 시리얼($\frac{1}{2}$컵)

....

요거트드레싱

설탕(0.5)+레몬즙(1)+
플레인 요거트($\frac{1}{2}$팩=40g)+
마요네즈(1)

1

요거트드레싱을 만들고,

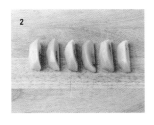

2

키위는 껍질을 벗겨
한입 크기로 썰고,

3

자몽은 껍질을 벗긴 뒤 과육만
발라내고,

4

망고는 씨 옆으로 칼집을 넣어
과육만 잘라낸 뒤 껍질을 벗겨
자몽과 비슷한 크기로 썰고,

5

그릇에 과일을 담고 드레싱을
뿌린 뒤 시리얼을 얹어 마무리.

통 크게
맛 보는
양상추블루치즈
샐러드

lettuce&blue cheese salad

큼지막하게 썬 양상추가 참 먹음직스러워 보이죠.
수분이 가득한 양상추는
여름철 땀 흘리고 난 뒤 먹기에도 딱이에요.
양상추를 채 썰어 드레싱에 버무려
식빵에 끼워 샌드위치로 만들어 먹어요.

2인분

필수 재료 | 양상추($\frac{1}{3}$통),
토마토($\frac{1}{2}$개), 베이컨(3줄=45g)

....

블루치즈드레싱

블루치즈(0.7)+레몬즙(0.5)+
다진 마늘(0.3)+마요네즈(2)+
플레인 요거트(1)+소금(약간)+
후춧가루(약간)

블루치즈드레싱을 만들고,

양상추는 깨끗이 씻어 물기를 빼고,

토마토는 모양대로 0.5cm 두께로
썰고,

베이컨은 반으로 썰고,

중간 불로 달군 팬에 베이컨을
노릇하게 굽고,

그릇에 양상추와 토마토, 베이컨을
담고 드레싱을 곁들여 마무리.

현지인처럼
즐겨요
반미
샐러드

vietnamese salad

반미는 돼지고기, 절인 채소, 소스 등을
꽉 채워 만든 베트남식 샌드위치랍니다.
이국적인 맛이 물씬 나는 반미샐러드를 맛보며
베트남 현지의 정취에 흠뻑 빠져보세요.

2인분

필수 재료 | 당근($\frac{1}{4}$개), 무($\frac{1}{3}$토막),
청오이($\frac{1}{3}$개), 닭다릿살(1$\frac{1}{2}$쪽=120g),
튀김가루($\frac{1}{2}$컵), 샐러드 채소(1$\frac{1}{2}$줌)

절임물 | 설탕(1.5)+소금(0.2)+
식초(3)+물($\frac{1}{2}$컵)

양념장 | 설탕(0.5)+
피시소스드레싱 또는 액젓(1)
간장(0.7)+후춧가루(약간)

....

피시소스드레싱

홍고추($\frac{1}{2}$개)+고춧가루(0.2)+
피시소스(2)+레몬즙(1.5)+
다진 양파(1)+다진 마늘(0.3)+
포도씨유(1)+

1

홍고추는 송송 썰어 나머지 재료와
고루 섞어 **피시소스드레싱**을
만들고,

2

당근과 무는 채 썬 뒤 **절임물**에
15분간 재우고,

3

샐러드채소는 깨끗이 헹군 뒤
체에 밭쳐 물기를 빼고, 오이는
껍질을 드문드문 벗긴 뒤 어슷 썰고,

4

닭다릿살은 한입 크기로 썰어
양념장에 버무리고

5

양념한 닭다릿살은 튀김가루를
고루 입히고,

6

중간 불로 달군 팬에 식용유를
넉넉히 둘러 닭다릿살을 바삭하게
구워 기름기를 빼고,

7

그릇에 샐러드채소, 절인 채소,
오이, 구운 닭고기를 둘러 담고
드레싱을 곁들여 마무리.

폭신폭신
보드라운
화이트오믈렛
↓ 샐러드 ❧

냉장고 속 자투리 재료를 처리하고 싶을 때
오믈렛을 만들어보세요. 달걀은 곱게 풀어 노릇하게 굽고
자투리 재료는 볶기만 하면 끝!
냉장고 재테크도 실천할 수 있는 1석2조 메뉴예요.

white omlet salad

2인분

필수 재료 | 양송이버섯(2개),
방울토마토(3개), 베이컨(1줄),
시금치(1줌), 달걀흰자(3개 분량)

양념 | 소금(0.1+약간),
후춧가루(약간)

양송이버섯은 납작 썰고,
방울토마토는 반으로 썰고,
베이컨은 잘게 썰고,

시금치는 밑동을 자른 뒤 잎을
하나씩 떼고,

볼에 달걀흰자만 넣은 뒤 소금,
후춧가루를 넣어 곱게 풀어
달걀물을 만들고,

중간 불로 달군 팬에 베이컨과
양송이버섯을 넣어
노릇해질 때까지 볶고,

센 불로 올려 시금치와 방울토마토를
넣어 소금(0.1), 후춧가루로 간해
빠르게 볶아 꺼내고,

중간 불로 달군 팬에 식용유(1)를
둘러 달걀물을 부어 중간 불로 익히고,

노릇하게 익으면 볶은 재료를 얹고
반을 접어 마무리.

part 8

남은재료를
활용한
가벼운디저트

—

쓰고 남은 자투리 식재료도 허투루 버리지 마세요.
알뜰 살뜰하게 보관해 두었다가
달달한 게 당기는 날, 야식이 고픈 날에
디저트로 만들어 활용해요.

비나그래찌

비나그래찌는
우리나라의 김치와
비슷한 역할을 하는
브라질의 음식이에요.
맛이 새콤하고 깔끔해서 고기나
튀김요리에 잘 어울려요.

2인분

필수 재료
파프리카(½개), 양파(½개),
오이(½개), 토마토(1개)
⋯ 토마토 대신 사과를
   사용해도 좋아요.

양념
소금(0.1), 올리브유(3),
식초(2), 후춧가루(약간)

파프리카와 양파는
사방 1cm 크기로 깍둑 썰고,

오이, 토마토도 사방 1cm로 크기로
깍둑 썰고,

양념을 섞고,

채소에 양념을 넣고 골고루 버무려
마무리.
⋯ 맛이 잘 어우러지도록 냉장실에 넣어
   반나절 이상 숙성시켜요.

✿ 콜라비피클

아작아작 씹는 재미와
입안을 개운하게 정돈해주는
깔끔한 맛까지 겸비한
콜라비피클이에요.
넉넉히 만들어
두고두고 먹어도 좋아요.

400㎖ 분량

필수 재료
콜라비(½ 개=350g)

절임물
설탕(½ 컵), 식초(½ 컵), 피클링 스파이스(1)

⋯ 피클링 스파이스 대신
월계수잎(2장)과 통후추(0.2)를
넣어도 돼요.

콜라비는 껍질을 벗겨
사방 2cm로 깍둑 썰고,

끓는 설탕물(물1컵+설탕½컵)에
콜라비 껍질을 넣어 색이 우러나면
껍질을 체에 거르고,

⋯ 콜라비색이 우러나 연한 보라색이
되지만 식초를 넣으면 분홍빛으로
바뀌어요.

식초(½ 컵)와 피클링 스파이스(1)를
넣어 중간 불에서 한 번 더 끓여
절임물을 만들고,

밀폐용기에 콜라비를 담고 뜨거운
절임물을 부어 마무리.

⋯ 살짝 식힌 뒤 뚜껑을 덮어 실온에서
반나절 정도 두었다가 냉장 보관해요.

카프레제 꼬치와
샐러드꼬치

샐러드를 만들고 남은
냉장고 속 재료를
꼬치에 끼우기만 하면 OK.
알록달록한 색감을 살려
꽂으면 보기에도 좋은 별미가 돼요.

7개 분량

필수 재료 |
방울토마토(3개),
보코치니 모차렐라치즈(6개)
양상추(⅓개), 오이(½개),
삶은 달걀(1개), 블랙올리브(2개)

⋯ 드레싱은 입맛에 맞는 것으로
골라 곁들여요.

1

방울토마토는 꼭지를 떼고,

2

보코치니 모차렐라치즈는
체에 받쳐 물기를 빼고,

3

양상추는 여러 장이 겹쳐진
상태에서 한입 크기로 썰고,

4

오이는 모양대로 1cm 두께로 썰고,
삶은 달걀은 4등분하고,
블랙올리브는 반으로 썰고,

5

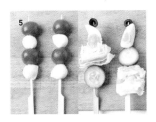

꼬치에 방울토마토와
보코치니 모차렐라치즈를 번갈아 2
개씩 끼우고, 다른 꼬치에 양상추,
오이, 달걀, 블랙올리브를 꽂아
마무리.

에그코코트

에그코코트는
프랑스식 달걀찜이라고
생각하면 간단해요.
달걀을 섞지 않고
좋아하는 채소를 넣어
그대로 오븐에 구우면 완성이에요.

1인분

필수 재료
시금치(2줄기), 방울토마토(2개), 달걀(2개)

양념
소금(약간), 후춧가루(약간)

1

시금치는 밑동을 자른 뒤 잎을
하나씩 떼고,

2

방울토마토는 반으로 썰고,

3

내열용기에 달걀을 깨 넣은 뒤
시금치와 방울토마토를 넣어
양념하고,

4

180℃로 예열한 오븐에 넣고
12분 정도 익혀 마무리.

곤약인절미

고소한 콩고물과
쫄깃한 곤약이 어우러진
곤약인절미!
칼로리 부담은 확 줄이고,
인절미 특유의
쫀득쫀득한 식감은
그대로 살렸어요.

2인분

필수 재료
곤약(½ 모=200g), 콩고물(1컵)

양념
소금(1), 식초(1)

1

곤약은 한입 크기로 썰고,

2

끓는 물에 **양념**을 넣어 곤약을
1분간 데치고,

⋯› 곤약은 간이 잘 배지 않으니
    소금을 많이 넣어도 짜지 않아요.

3

데친 곤약은 체에 받쳐 물기를 빼고,

4

콩고물을 골고루 묻혀 마무리.

병아리
콩과자

고소하면서도 달콤한 맛으로,
영양까지 챙긴 훌륭한 간식이에요.
한 번 먹기 시작하면
계속 손이 가게 된답니다.

2인분

필수 재료
병아리콩(1컵)

양념
소금(0.2), 흑설탕(1),
계핏가루(0.2), 올리브유(1)

1

병아리콩은 깨끗이 헹궈 잠길 정도로
물을 부어 30분간 불리고,

2

끓는 소금물(물3컵+소금0.2)에
병아리콩을 넣어 15분간 삶은 뒤
체에 밭쳐 물기를 빼고,

3

볼에 병아리콩, 흑설탕(1),
계핏가루(0.2), 올리브유(1)를
넣어 버무리고,

4

약한 불로 달군 팬에 양념에 버무린
병아리콩을 넣고 7분간 볶아 식혀
마무리.

딸기요거트
아이스크림

딸기와 애플민트로
장식해 보기만 해도
기분이 절로 좋아지는 귀여운 디저트죠.
딸기와 요거트의 조화는
두말할 필요도 없어요.

2인분

필수 재료
딸기(3개), 카스텔라(½개),
플레인 요거트(1컵)

딸기는 모양을 살려 납작 썰고,
카스텔라는 용기에 맞춰 썰고,

용기에 랩을 깐 뒤 바닥에 딸기를
올리고,

플레인 요거트(½컵)를 부은 뒤
카스텔라를 얹어 냉동실에 얼리고,

단단히 굳으면 용기에서 꺼내
마무리.

┈ 따뜻한 행주로 용기를 감싼 뒤 빼면
깔끔하게 빠져요.

팝시클 🌱

눈도, 입안도 시원해지는
팝시클이에요.
얼음 속에 쏙쏙 들어 있는
과일은 취향에 따라
다양하게 넣어도 돼요.

2인분

필수 재료
통조림 황도(2조각), 블루베리(3),
애플민트(적당량),
코코넛워터(1팩=330㎖)

황도는 작게 깍둑 썰고,
블루베리는 흐르는 물에 헹군 뒤
체에 밭쳐 물기를 빼고,

얼음틀에 준비한 과일을 넣고,

애플민트를 담고,
코코넛워터를 붓고,

냉동실에서 6시간 정도 얼려
마무리.

오렌지젤리

탱글탱글한 젤리,
판젤라틴만 있다면
간단하게 만들 수 있어요.
홈메이드 젤리라 아이들에게도
안심하고 먹일 수 있답니다.

2인분

필수 재료
판젤라틴(1장=2g),
오렌지(2½ 개), 설탕(1.5)

1

판젤라틴은 찬물에 담가
부드러워질 때까지 불리고,

2

오렌지는 반으로 잘라 즙을 짜고,

3

냄비에 오렌지즙, 설탕(1.5)을 넣어
중간 불로 끓이고,

4

끓어오르면 불을 끄고
판젤라틴을 넣어 고루 섞고,

5

용기에 나눠 붓고 냉장실에서
단단하게 굳을 때까지 굳혀 마무리.

⋯⋯ 애플민트를 올려 장식해도 좋아요.

단호박
밤라떼

따뜻하게 한 잔 마시면
온 몸의 피로가
사르르 녹는 기분이 들 거예요.
수프처럼 먹을 수 있어
한 끼 식사 대용으로도 충분하답니다.

1인분=350㎖
필수 재료 |
단호박($\frac{1}{4}$개),
밤(5개), 우유(1컵)

선택 재료 |
곶감($\frac{1}{2}$개), 계핏가루(약간)

1
단호박은 껍질을 벗겨
적당한 크기로 썰고,

2
냄비에 단호박과 밤을 넣은 뒤 반쯤
잠길 정도로 물을 붓고,

3
믹서에 껍질을 벗긴 단호박, 밤,
곶감, 우유를 넣어 곱게 갈고,

4
다시 냄비에 옮겨 담아 약한 불에서
따뜻하게 데우고,

5
컵에 담아 계핏가루를 뿌려 마무리.
⋯ 곶감이나 단호박으로 장식해도 좋아요.

그린
스무디볼 🌿

비주얼까지 놓치지 않은
그린스무디볼이에요.
주스보다 걸쭉한 스무디는
포만감이 쉽게 느껴져
다이어트에도 효과적이에요.

2인분

필수 재료
시금치(1줌), 아보카도(⅓개),
파인애플 링(2개=160g),
토핑용 과일과 견과류(적당량)

⋯ 이 레시피에서는 딸기와
블루베리, 아몬드를
사용했어요.

시금치는 깨끗이 씻은 뒤
밑동을 잘라 잎만 준비하고,

아보카도와 파인애플은
큼직하게 깍둑 썰고,

믹서에 손질한 재료와
물(⅔컵)을 넣어 곱게 갈고,

그릇에 그린스무디를 담고 딸기,
블루베리, 아몬드를 얹어 마무리.

양상추 주스

아침에 마시는 양상추주스 한 잔이
활기를 가득 불어 넣어 주네요.
건강한 하루를 시작하는 데
이만한 메뉴가 없겠죠?

2인분

필수 재료
양상추(3장), 키위(2개),
아보카도($\frac{1}{2}$개)

양념
꿀(1)

1

양상추는 큼직하게 찢고,

2

키위와 아보카도는 껍질을 벗겨
깍둑 썰고,

3

믹서에 양상추, 아보카도, 물(2컵)을
넣고 곱게 간 뒤 키위를 넣어 가볍게
한 번 더 갈고,

┄ 키위는 마지막에 넣고 가볍게
  갈아야 씨가 갈리지 않아
  쓴맛이 없어요.

4

꿀(1)을 섞어 마무리.

INDEX